消除

賴床、膽小、注意力不集中、姿勢不正確

孩子的健腦操

日本專業整復師 古久澤靖夫 著

胡慧文 譯者

推薦序

為什麼大腦功能會弱化？

現代人生活型態，在近幾年有很巨大的變化。我們在不自覺中慢慢的每天花費大量的時間使用各種 3C 電子產品，沈浸在虛擬的世界而壓縮了對周遭實體環境的真實互動。人與人之間的溝通常依賴各種通訊軟體而非傳統實際面對面的肢體與語言的互動。導致習慣於與機器互動，而不熟悉與人溝通，由於不知道如何溝通而避免溝通，人際關係趨於冷漠。透過科技雖然每天接收大量的訊息，但是只透過聲音光線過於單一的方式輸入大腦，造成大腦長期缺乏其他感觀訊息的輸入，導致各種大腦功能的弱化。

近幾年小朋友開始接觸 3C 產品的年齡越來越早，也因此產生大量的大腦失衡的問題。例如，成癮的問題、情緒不穩定、注意力不集中、親子關係緊張、肢體協調度變差等等要問題。因此，要維持健康大腦的發展，單單靠著傳統的一般運動建議顯然是有所不足。如何利用每天繁忙的有限剩餘時間，使用最有效率的活化大腦運動，顯然變得非常的重要。

在閱讀了《孩子的健腦操》後，我認為這本書顯然有符合上述的需求。這本由日本整復師根據臨床經驗所發展的運動方式，是一本簡單易學的工具書。例如，書中內容中有關手指和手腕的協調不僅是對活化小腦有幫助，因為同時也連結大腦前額葉認知功能的區塊，因此對提升小朋友的智力以及預防老人失智症都會有一定的效果。

一般日常生活中比較少會運用肩胛骨與髖關節的運動，透過了書中的動作，帶動了感受深層肌肉張力變化的肌梭，以及大關節的各種感受器給予大腦頂葉區塊給予了反饋的訊號，讓大腦更能覺察到身體的狀態，進而保持良好的體態。

書中提到的站立前後平衡訓練，透過身體感知重力的變化，訓練了內耳的前庭平衡系統。前庭系統是感覺統合訓練中最重要的一環，影響幾乎是全面性的。例如情緒的穩定、智力發展、動作協調以及運動能力等等。

另外，每天的親子的接觸按摩與伸展運動，可以相互感知對方的情緒，並且達到情緒協調一致的狀態，是促進親子關係的最好方式。透過親子間肢體的接觸是最佳的非語言溝通方式，僅僅一個溫暖的擁抱勝過千言萬語，更何況是每天親密的身體接觸。

當科技飛速發展，未來人工智慧勢必取代大量人類的工作。傳統的教育模式或許無法如何讓孩子面對不確定的未來。如何提升靈性的層次，重新思考生命的意義與生活的目的。如果能透過這本書的內容實際的執行，或許是小朋友能從容面對未來的一大助力。

功能神經學專家

李政宏

前言

翻開本書的各位爸爸媽媽，想必都把充分發展自家孩子的能力放在最優先，但願自己的心肝寶貝「頭好壯壯，運動拿手，身強體健，情感豐富而且溫和有禮」，這是何等奢侈的願望，卻是天下父母心的自然流露。

而「整復*的智慧」正可以為父母實現望子成龍、望女成鳳的心願，貢獻莫大力量，因為「整復」是從「身體內裏」來調理孩子的發育。

所謂「身體內裏」，是指肌肉、骨骼，以及影響肌肉骨骼發育的身體重心、姿勢與內臟健康。如果進一步從氣功學的觀點來解釋，「身體內裏」還包括身體的能量，也就是「氣」的狀態。透過整復手法，可以為我們達到端正全身骨架、調校重心及姿勢、刺激內臟活化的效用，進而促使「身體內裏」健康成長。

筆者深信，「身體內裏」的健康成長才是養兒育女的最優先順位。如今的孩子從早到晚在學校和補習班埋頭苦讀，又從電視和網路等媒體接觸排山倒海的大量資訊，身心皆可說是應接不暇。被時間追著跑的緊張生活中，孩子們不自覺地將全副意念專注在汲取外界資訊。

然而各位可曾想過，真正要緊的，難道不是容納海量資訊的「容器」，也就是「孩子自身」嗎？是誰在學習新的知識和運動技能呢？不正是孩子的身體。「容器」如果沒有準備好，身體消受不了這麼龐大的外來資訊量，只會徒然製造混亂。孩子所能承受的，就是身體這個「容器」堪可乘載的容許量，所以得先把「容器」打造結實，才足以應付各種學習。

「身體內裏」發育良好的孩子，肉身能夠隨意念支配正確行動，達

---

*整復在日本是一門獨特的傳統醫學，與台灣的民俗療法並不相同。

到身心合一，所以擅長運用肢體。而骨架均整、姿勢端正的孩子，血液循環、神經傳導與能量（氣）運作順暢，因此腦力充足、思考靈光。進一步透過整復伸展練習，達到骨正、筋柔、氣暢，自然是精力充沛、心理素質強大。

本書介紹獨門的親子整復伸展練習，期願協助天下父母打造孩子健康的「身體內裏」，達成子女成龍成鳳的心願。

這是一套從「整復」出發，融合氣功、瑜珈原理所設計的伸展操。筆者開辦的整復伸展教室，對孩童學員進行一對一指導，效果立即可見。孩子們在矯正身體的偏斜以後，肢體活動更加靈巧順暢，踢足球的孩子頻頻進球得分，學鋼琴的孩子大幅降低失誤的比例，經常暴躁發狂的孩子也不再亂使性子。我們從小學員的身上見到種種可喜的變化，透過整復伸展練習建構健全的身體內裏，可望成就「足以容納新學習、豐富的感性與強大心靈」的容器。

從今天起，就讓整復伸展成為府上親子同樂的居家活動吧！

目錄

2 幫助孩子頭好壯壯的健體伸展操

3 為孩子提升運動能力的健體伸展操

4 培養溝通&感性能力的健體伸展操

5 戰勝疾病、過敏、壓力，打造強健體魄

6 健體伸展操也能夠消除惱人惡習＆個性

1. 健體伸展操由內而外全面提升孩子的能力！

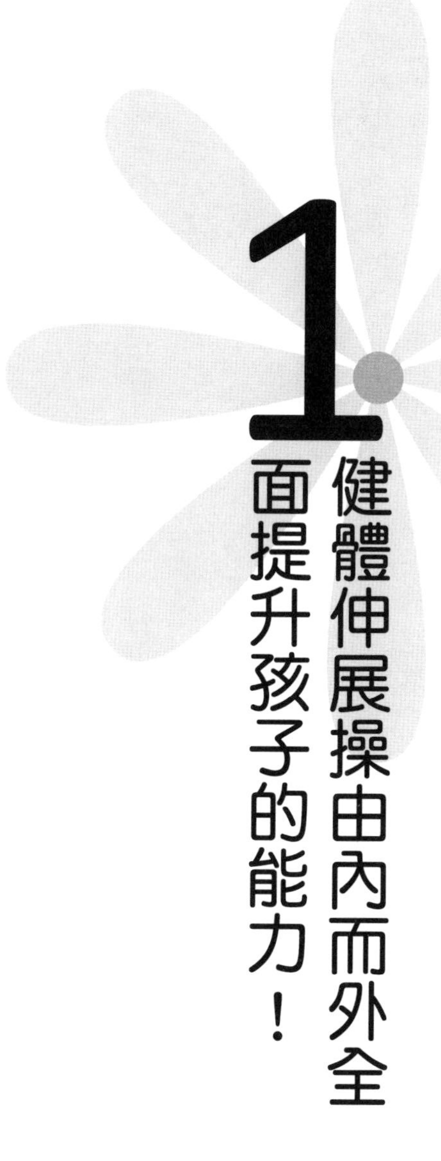

由內而外刺激孩子成長、健康發育

讀者們看到我說健體伸展操（整復伸展練習）可以提升孩子的能力，或許感到疑惑：「小朋友會需要整復嗎？」的確，一般人印象中的「整復」，是一種矯正大人骨架偏斜和消除疲勞的自然療法。

但其實，整復不僅有益大人的健康，善用整復還可以在孩子的成長過程中發揮莫大助益。對大人來說，整復用於調整肢體的協調度。對孩子來說，整復可以是刺激成長的能量，同時調理身心，成為促進健康發育十分有效的手段。

那麼，整復究竟作用於孩子的哪個部位呢？答案是「身體內裏」（特指肌肉、骨骼，以及影響肌肉骨骼發育的身體重心、姿勢與內臟健康）。整復能消除骨骼肌肉的歪斜不正，提高臟腑與神經的運作效率，使氣功學和中醫學所說的「氣」（生命能量）保持在理想狀態，所以整復就是在調理「身體內裏」。

我們的肉體是學習新知與能力的載體，吸收知識和資訊、進行判斷並採取行動的，也是這一身肉體。任憑你焚膏繼晷努力啃書、接受高強度的體能魔鬼訓練，倘若肉身這個載體不夠完備，新能力便無法扎根。氣功學認為「肉身乃宇宙的寶石」，才是值得我們始終用心打磨與保養的根本。

重視眼前績效的現代社會，將目光放在不斷學習新知與技能、追求強健體魄的特訓，然而作者以為，調理身體的內裏，營造健康的內在環境，才是精進與發揮個人能力所不可欠缺的基本功。

而「調理並充實身體內裏」，也關係著今後在社會上立足所必要的「自制力」。這話怎麼說呢？肉體與心靈是相互為用的一體兩面，當我們哀傷時，胸口自然會內縮而下陷，憤怒激動時，肩膀便不自覺高聳，每時每刻的情緒感受都一五一十反映在肉體的表現。

反過來說，透過肉體的活動也可以操控情緒變化。我以前看過一齣電視節目，裏面的實驗結果令我印象深刻。從結論來說，就是「刻意裝笑臉，會讓自己變得不容易發脾氣」，這說明了表情動作確實可以左右情緒。平日妥善照顧肉身，情緒也會隨之平和安穩。

換句話說，「調理並充實身體內裏」也是在養成自我控制情緒的能力。肉身這個「載體」的健康狀況，牽動著所有的學習和創造力，包括讀書做學問、體育競技、音樂與繪畫的藝術表現。

不只如此，解決吵架或霸凌等人際糾紛的能力、與人溝通的能力、百折不撓的貫徹能力，都需要強大的心理素質為後盾，而這一切來自足夠的自制力。

所以說，「身體的內裏」是乘載所有能力的基石，而整復伸展練習正是「調理並充實身體內裏」的有效手段。前面說明身心相互為用的事實，情緒會形諸於表情和姿態，而身體骨架均整、姿勢端正，心情也會變得美麗。

要求大人用意志力控制情緒感受尚且不易，何況是率真的小朋友，但是透過肢體動作來調整情緒，就會簡單許多，連小朋友都容易做到，也能夠很快見到成效。健全身體內裏，美好的心情感受就會跟著來。

調校骨架與身體重心，促使動作靈活、氣血順暢

理想的身體骨架，應該是骨盆、腿長、肩高左右對稱。骨架端正，沒有左右差異，關節、肌肉就不會有多餘負擔，因此肢體動作靈活，氣血循環順暢，內臟與神經作用活潑。

然而，日常生活型態與不良姿勢慣性都容易拉扯肌肉，造成骨架歪斜。健體伸展操可以矯正歪斜，讓骨架經常保持在對稱而端正的理想狀態，消除肌肉硬梆梆。

另一方面，理想的身體重心，應該穩穩固定在身體中央線上、肚臍的正下方。氣功學說稱這裏為「下丹田」，認為下丹田的「氣」（生命能量）充盈，正是身心最容易發揮能力的理想狀態。

身體的重心位置影響全身氣的強弱，將重心放在下丹田，氣就容易

充盈，而且是引領我們早日實現夢想與希望的捷徑。這是因為重心放低，有助我們明確意識到「活在當下」的現實感。

想要美夢成真，不能只是會做夢，還要有付諸實現的執行力，而這份執行力就在我們的腿腳上。鍛鍊腿腳，將身體重心放低，正是在強化實現夢想的意志力與行動力。

一旦具備這些能力，無論是要用功讀書、在運動場上揮灑，還是在音樂、繪畫上展現藝術才華，或是立定將來的人生目標，都能夠積極以對。

健體伸展活動能活化大腦

最近這幾年，所有的媒體都在瘋腦科學，說是如何訓練大腦可以讓人更聰明，掀起一波「大腦熱」。殊不知整復伸展對於活化大腦也有驚人功效。藉由「調理身體內裹」，可以活絡大腦運作，同時發揮舒緩緊張的放鬆效果。實際作法約可分為兩大途徑。

首先，是給大腦一個處在最佳工作狀態的「理想體態」。讓身體有個適合大腦進行學習和理解的「理想體態」。

也就是背脊伸直，頸部挺立的姿勢，幫助大腦處在最佳運作狀態。人體的頸部是血液、重要神經傳導與荷爾蒙的通道。如能消除頸部緊繃僵硬，那麼腦內的血液循環、神經與荷爾蒙傳導都可暢行無礙。

其次，是直接給予大腦良性刺激。手部與大腦有密切的連動關係，經由整復伸展練習活動雙手，可以適度刺激過於緊張的大腦放鬆，活化大腦的信息統整能力。

一般的健腦操也教人活動手指和手臂，從整復學說的觀點來看，不失為有效的健腦辦法。本書介紹的手部伸展練習，則是直接激發大腦加以活化。

強化關節與下半身，提升運動能力

「調理並充實身體內裏」的成果，會顯著表現在運動能力的提升。許多運動選手平日都有接受整復與按摩的習慣，藉以消除體能操練造成的疼痛與疲勞。

然而本書介紹的整復伸展練習，不同於運動員為療傷或保養所做的整復。作者專為孩童所設計的健體伸展操，目的在打造與意念合一的肉體，也是為運動所做的熱身準備。

為提升運動能力所做的整復伸展練習，有兩大重點。重點一，是協助關節進入活動順暢的「滑動狀態」。在運動場上的表現優劣，「髖關節」與「肩胛骨」扮演兩大關鍵角色（詳見本書第一〇四頁），透過整復伸展練習，順暢這兩大關節的活動，運動表現將有如神助！

重點二，則是強化下半身。下半身強度也和「髖關節」有關。下半身有力，上半身便能夠處在放鬆不費力的「自然體態」，也就是第二十四頁所說的「氣充下丹田」的狀態。下丹田的氣充盈，上半身即可卸除不必要的緊繃壓力。這種鬆柔的「自然體態」，不僅有利於運動表現，也是身體在讀書寫字、彈奏樂器等發揮各種能力時的最佳狀態。

強化下半身，就是在放鬆上半身，營造「自然體態」。靈活順暢的關節活動與輕鬆不費力的自然體態，都可以確保我們更良好的體能表現。

調理好身體內裏，身心都跟著強大

藉由整復伸展練習打理好身體內裏，也是在強化心理素質，養成孩子強韌的心性。當一個人懂得自我控制，則不只能夠操控自己的肢體活動，同時也可以掌握自己的心性。

孩子雖小，每天生活在朋友家人的關係中，同樣會累積很多壓力，偶爾也會與人爭吵，甚至被捲入霸凌紛爭。

能不能面對壓力、願不願試著解決問題，影響往後人生走上全然不同的結果。待人處事的靈活彈性、自我調適的能力與堅強的抗壓性，都可以透過調理「身體內裏」逐漸養成。

調理「身體內裏」，在強化心理素質的同時，也有強健體魄的功效。因其舒展肢體並良性激發臟腑功能，可提升人體免疫力，打造不易病痛與過敏的體質。而心理上的抗壓耐力，又有助於消除壓力性胃痛、頭痛、肩頸僵硬。

在這個壓力有增無減的時代，如今的孩子也常受到壓力性病痛的折磨，如果說身心的抗壓能力大大左右著孩子的幸福，真是一點也不為過。

好心情讓孩子一眠大一寸

許多學校和家庭只教導孩子如何用功讀書、精進體育競技表現，卻沒注意到孩子的「身體內裏」。殊不知如果「身體內裏」發育不良，孩子根本無法理解和運用所學，因此要花費更多時間和心力方能學會，造成莫大身心壓力，埋下「沒興趣」、「不擅長」的挫折感，阻礙他們學習新的能力，也難以發揮本身已具備的才華。

透過整復伸展練習，調理「身體內裏」，是協助孩子充分發揮能力的最佳捷徑。具備劍及履及的行動力，與海綿般強大的學習吸收力，想要眼明手快、觸類旁通非難事。學得快、學得好，孩子自然樂在學習，凡事充滿好奇興趣，這樣的自主學習能力會驅使他們發掘興趣喜好，有所追求而且勇敢圓夢。

筆者認為，美好人生的秘訣在於專注自己所好，投入滿腔熱情。因此，有所憧憬與懷抱夢想的能力非常重要。

從整復學說的觀點而言，有所憧憬與懷抱夢想的情感發自「胸膛」。常保孩子的胸膛柔軟彈性，就是在培養對理想的憧憬能力與擁抱夢想的能力。

「皮膚覺知」影響孩子的運動神經和感知能力

請問各位，今天撫觸過自己的孩子嗎？

孩子上小學前，成天把他們摟在懷裏、牽著他們的小手，或是讓他們坐在自己的大腿上。可是自從孩子上小學以後，親子之間的肌膚接觸就大為減少了。更別說升上小學中年級、高年級，乃至進入青春期、成為國中生之後，父母和孩子之間自然而然不再有肌膚接觸。

在我看來實在很可惜。因為父母的溫柔撫觸，正是提升孩子多方能力非常有效的整復手段。

兒童充分領受父母的擁抱與撫摸等肌膚接觸，身心都會感受到飽滿的愛，對自己「有人愛」一事深信不疑，這能夠帶給孩子篤定的安全感，而肌膚接觸又可以激發「皮膚覺知」變得敏銳。

「皮膚覺知」是經由皮膚感知的「觸覺」和「溫度覺」，它甚至影響對距離的感知能力，因此也深深左右運動神經的運作，特別像是必須正確掌握形狀、大小、重量的球類運動等，都有賴敏銳的「皮膚覺知」，所以「皮膚覺知」發達的孩子，運動能力更勝一籌。

整復學說對皮膚覺知的能力還有更深入的認識，認為皮膚覺知足以影響一個人的性格。因為皮膚覺知發達的孩子可以充分肯定自己的存在，而這正是「自我認知能力」與「自我信賴能力」的基石。

積極與孩子肌膚接觸，有助孩子沉穩自信

皮膚覺知發達的孩子，「自我認知能力」強，不會被無謂的情緒左右，懂得做自己的主人。長大成為具有「自我信任能力」的孩子，敢於說出自己的意見，為實現夢想義無反顧。

在社會上發揮統御領導能力的人，都有過人的「自我認知能力」和「自我信任能力」。對孩子來說，這兩種能力同樣意義重大，它們幫助孩子與人為善，和同伴相親相愛。而萬一吵架了，自我認知能力引導他們整理自己的情緒，很快化解僵局。這樣的孩子善體人意，更容易溝通。

而自我信賴能力讓他們在課堂上踴躍舉手發表自己的意見，做學問也好，從事體育活動也好，「我可以」的自信促使他們勇往直前。

「自我認知能力」與「自我信任能力」讓我們在社會上與他人建立良好關係，成為推動個人進步的強大力道。而這一切的原點，都來自皮膚的覺知。

正因為如此，所以奉勸大家從今天起，積極與孩子進行肌膚接觸。有的父母不免擔心，家中進入青春叛逆期的孩子，可能會抗拒父母的肌膚接觸。不必多心，就算孩子無法接受擁抱、摸頭的接觸，多數還是可以容許四肢碰觸，何不就從肢體末梢的接觸開始做起！

健體伸展操最適合培養「穩定的內裏」與「皮膚覺知」

「身體內裏」與「皮膚覺知」是培養「足以發揮各種能力的體魄」與「強大心理素質」的重要門徑，而整復正是同時作用於兩者的有效手段。

高強度的體能鍛鍊並不足以強化「身體內裏」與「皮膚覺知」，孩子需要的是溫暖的手部撫觸所給予的肌膚感受，以及「與自己的身體對話」。

「與自己身體對話」是指活動各部位關節和肌肉，並專注感知這些活動帶來的身體變化。如果感覺到卡住動不了，或是僵硬不順，就多試幾次。經常「與自己身體對話」，可以矯正身體偏斜、鬆解肌肉緊繃、調校重心與內臟位置，達到調理「身體內裏」的功效。親子一同進行健體伸展操，又能自然滿足肌膚接觸的需求，發達皮膚覺知。

加諸身體的呵護，會深深鏤刻在身心，成為「身體記憶」，終其一生永誌不忘。如同只要學會騎腳踏車，一輩子都會記得如何操作，這就是日文所說的「體得」（親身體會而有所得）。

對孩子而言，美好的「身體記憶」絕對是一輩子的寶。相對於身體的記憶，口頭上的教導不僅忘得快，還可能因為大腦記憶混亂發生錯誤。想要記憶常保如新永不褪色，透過整復伸展練習加諸身體記憶是最佳良方。

溫柔的肌膚接觸，穩固親子關係

前面說到，用身體去記憶比用言語記憶更深刻持久。不僅如此，當孩子心情沮喪時，口頭鼓舞他「打起精神」，還不如默默給孩子一個擁抱、握著孩子的手，更能給他加倍的力量。這樣的肌膚接觸、可以有效深化親子關係的連結。

活躍於美國職棒大聯盟的鈴木一朗選手，從少年時期開始，每晚都享有父親半小時到一小時不等的腳底按摩時間。即使是父子吵得不可開交的日子，父親按摩的手也不曾間斷。為人子的一朗，縱使和父親有天大的歧異而怒不可遏，面對細細為自己按摩腳底的父親，想必也很難有隔夜仇。這樣的肌膚接觸無疑是親子之間無言的對話，往往更勝千言萬語。

整復的出發點，就是溫暖的雙手撫觸。倘若孩子對你的諄諄教誨馬耳東風，別心急，先用你溫暖的手摸摸他。即使不到按摩整復的等級，只是把手搭孩子的肩上或背後，還是坐在他身邊，手貼著他的膝頭，就足以穩定孩子的心情，為你把話送進孩子的心坎裏。

肌膚接觸打開親子對話的心門，在此同時也強化了雙方的情感連結。

結合整復、氣功、穴位精華的「健體伸展操」

具體而言，能提升「身體內裏」與「皮膚覺知」的「整復伸展操」，究竟要怎麼做呢？這是作者根據幾十年來的整復與氣功所學，加上在自己的整復伸展教室累積的實務經驗，融會貫通後整合而成的獨門技巧。

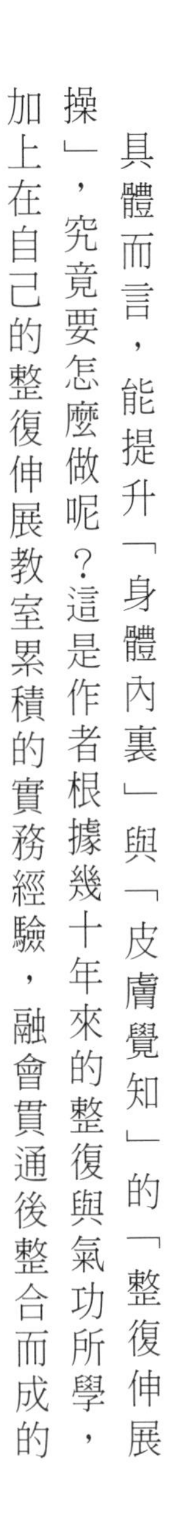

這套整復伸展練習的立論觀點與做法，不同於一般運動前的暖身操，其作用不僅只是柔軟肢體，還融合了整復與氣功的智慧。

透過整復伸展為身體正骨，以及伴隨正骨而來的調校身體重心，用的是整復的智慧。把一身的氣調理到理想狀態，這是氣功的智慧。而刺激穴位以及連通內臟深部的體表反射區，則為我們活化五臟六腑的功能。所以這是整復、氣功與穴位知識的總動員，因此能夠獲得多重功效（請參照第四十七頁所列舉項目）。

健體伸展操可分為孩童自行操作，以及親子共同操作兩大部分。「伸展操」原本便是老少咸宜的簡單肢體活動，但是一說到「整復」，有些人對它的印象就是「把骨頭拉到劈哩啪啦作響又疼痛不堪」，因此心存畏懼。

不過本書的「健體伸展操」完全不疼痛，也無需勉強而為。只要按照圖面步驟指示操作，都可以在短時間內簡單上手。

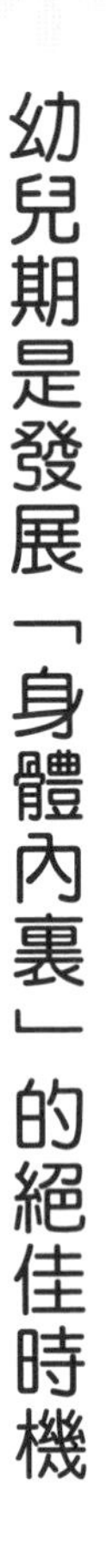

幼兒期是發展「身體內裏」的絕佳時機

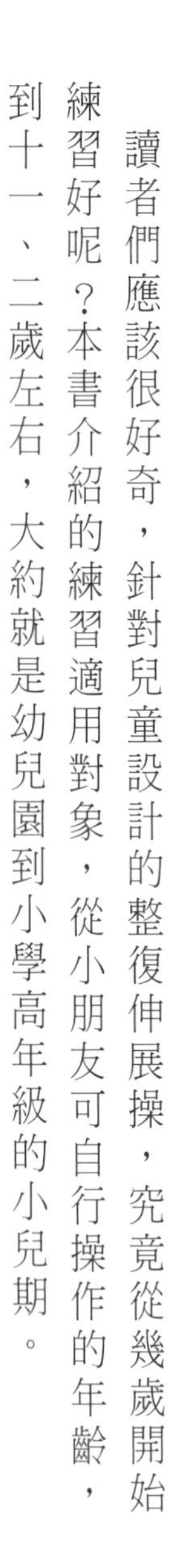

讀者們應該很好奇，針對兒童設計的整復伸展操，究竟從幾歲開始練習好呢？本書介紹的練習適用對象，從小朋友可自行操作的年齡，到十一、二歲左右，大約就是幼兒園到小學高年級的小兒期。

為什麼設定在這個時期呢？

因為此時正是最適合發展「身體內裏」的黃金期。小兒對整復伸展練習的反應佳，身體若有病痛也可見到明顯好轉，正是小兒期的生理特徵。由於身軀具備足夠彈性，一眠大一寸的他們骨骼與關節調整容易，只要施以整復，即可見到理想變化。

比起已經發育成熟的大人，小兒的身體可塑性高，反應直接，所以整復效果快，發揮作用的層面也更深入。特別是八歲左右的孩子，整復成效十分顯著，是最適合調理身體內裏，以期發揮各種能力的階段。想要強壯筋骨、改善體質，這時期實行整復伸展練習見效快。

反過來說，小兒柔軟的筋骨容易偏斜扭曲，如果這時體態不佳，習慣駝背，可能就此定型。往後的人生帶著這樣的體型真不敢想像該有多辛苦。體型一旦固定，就不只是習慣不良的問題而已。

駝背的矯正不容易，雖不是完全不可逆，但是錯過小兒期以後，想改善可說是事倍功半。

小兒時期養成正確姿勢，不僅易於發展各種能力，也是為迎接朝氣蓬勃的青春期、活力充沛的成年期奠定基礎。

儘管有這麼多好處，我並不鼓勵才一、兩歲的乳兒做整復伸展練習。乳兒無論體型還是骨骼關節，都遠比幼兒小且脆弱，無法比照幼兒的整復伸展操作。何況乳兒尚未發展出自我判斷力，即使疼痛也不懂得適度自我調整（關於乳兒的整復伸展，可參考第三十四頁的說明）。

話說回來，整復伸展練習對於年過小學高年級的孩子是不是就難以見效、無需再做呢？當然不是如此。

迎接青春期的孩子更應勤練，因為過了青春期以後，就是發育成熟的大人了，整復伸展練習可助排除體內代謝廢物，改善失調，對身體做全面性調節，這是青少年乃至成人都需要的健康保養。成人常見的肩頸僵硬、腰痛、眼睛疲勞等毛病，如今也紛紛出現在中學生身上。

筆者教室裡的學員橫跨各年齡層，本書精選的整復伸展練習，都是一體適用的內容，對於改善成人的健康問題同樣有效。

健體伸展操
可以如此改變孩子的身心！

還有這些可喜的變化！→

不再有起床氣（P178）、**預防視力惡化**（P184）、**消除肥胖**（P188）、**改善個性**（P192～211）、**解決生理不適**（P214）等

實例 1

馬上見效！健體伸展操做完當下計算能力就提昇了

有教室學員對活化大腦特別感興趣，我於是為他們開了一個時段，這是發生在其中一名學員小女兒身上的真實見證。

三十多歲的K媽媽，大約一年前成為我的學員，聽我說整復伸展練習可以增強腦力，她於是想到自己八歲的女兒，嘗試在女兒身上驗證真實性。她為女兒做的是第八十一頁介紹的「活化大腦」練習。

參與這堂課的，除了K媽媽的女兒，還有三位女兒的同班同學。在整復伸展練習的前後，我分別讓四位小朋友做了難易度同等級的計算題。

三十分滿分的小測驗，伸展練習前的得分是二十六分，之後的得分是二十九分，平均成績提升了三分。不僅得分提高，答題的時間也縮短。練習前平均費時二分四十八秒，之後的平均時間縮短為二分三十六秒。

「得分和答題時間雖然還不到飛躍進步的程度，但只是一次練習，就獲得如此成效，已經讓我們非常滿意。從此以後，女兒每次寫作業前，都樂得先和我一起玩整復伸展。

我不必再催她『快去寫作業』，而是用『我們來玩整復伸展操』吸引她，她立刻就動起來。整復伸展練習成了啟發女兒用功的轉機。」（K媽媽）

實例 2

大幅降低鋼琴彈奏失誤

整復伸展練習活化大腦的功效，不僅限於課堂上的學習而已。前幾天，教室裏的一位學員T媽媽，也喜孜孜的捎來捷報說，七歲女兒的鋼琴發表會，以零失誤完美演出大獲成功。

發表會前緊鑼密鼓的練習，讓T媽媽的女兒感受到壓力而心生抗拒，為了緩和情緒，每練一首曲子之前，她都讓女兒先做手部伸展操（參照第九十一頁）。

出乎意料的是，小女孩原本在彈奏當中頻頻出小狀況，做了手部伸展操以後，出錯頻率竟大幅減少，大約從十次失誤降低到只出兩、三次差錯的機率。

「發表會當天，我們母女趁上台之前，在大廳練伸展，雙手轉個不停。正式上場時，女兒絲毫不怯場，輕鬆自如的完成零失誤演出。」（T媽媽）

在我的整復伸展課堂上，進入全身練習之前，必定要先放鬆手部。因為多數學員受到生活壓力等因素影響，大腦都十分緊繃，先活動手部，可以連帶刺激大腦放鬆，強化接下來的伸展練習成效。

T媽媽舉一反三，把這套原理應用在女兒的鋼琴練習，得到很好的反饋。當然，小女孩原本就具備堅強的演奏實力，如今運用手部伸展練習放鬆大腦緊繃，卸除不必要的壓力，自然可以充分發揮本身實力。

實例3

馬上見效！健體伸展操後，跑速當即加快

作者親眼證實整復伸展練習能順滑髖關節活動，當即加快跑速。

事情要從「實例1」提到的K媽媽說起。我為她八歲女兒和同學開辦健腦整復伸展課的同時，也附帶做了強化運動能力的活力版健體伸展操。

為了驗證練習成效，我在伸展髖關節與肩胛骨的前後，分別測量小學員們的五十公尺短跑速度。結果伸展練習前的平均跑速為十一．四五秒，之後是十．八三秒，四人中有三人的跑速快了將近一秒鐘。

從結果可知，即使只是伸展練習一回，都能夠提升身體的靈活度。尤其孩童對整復伸展練習的效果反應快，容易見到改善。

令人印象深刻的是，K媽媽分享說，自己發現有些孩子的髖關節和肩胛骨緊繃僵硬，竟和大人不相上下。

八歲孩子的身體本該柔軟有彈性，但是一開始進行伸展練習時，卻有孩子喊疼，這就說明身體骨架已經偏斜不正。這時切不可強扳硬扯，只要在能力所及的範圍內伸展和扭轉，輕輕搖晃擺動即可。

每天伸展，每次矯正一點，自然越來越鬆，恢復孩童本該有的柔軟彈性。

實例 4

踢足球受傷的腿又可以健步如飛了

前面稍微提及身體疼痛，接下來要說的是明顯疼痛的實例，提供讀者們參考。

小裕當年是小學五年級生，每次練完足球以後，都會腳底疼痛，無法走久，媽媽因此帶他到我的教室諮詢。

我檢視小裕的身體，發現他有長短腿，左右兩腿竟相差五公分之多，而且後背緊繃，肩胛骨和肋骨周圍也可見歪斜。

我每星期指導小裕一堂整復伸展課，重點放在靈活髖關節（第一一六～一二一頁），並且放鬆肩胛骨，以軟化僵固的後背（第一二二～一三七頁）。

「誠如老師所言，孩子對整復伸展練習的反應快，上完第二、三堂課以後，他的背變得柔軟，我們母子也每天在家一起伸展，效果良好。」（S媽媽）

小裕從此踢完足球以後不再腳痛，身手也變得更矯健。

S媽媽說兒子還有視力不良的問題，讓她很擔憂，我建議她繼續督促小裕加強肩胛骨的伸展。肩胛骨活動輕鬆自如，可以預防視力惡化。

實例
5

晚上終於可以香甜入夢的小男孩

透過整復伸展練習調理肉體失衡，也能夠一併作用於心性，健全心靈。在此貢獻一例給讀者們參考。

N媽媽抱怨自己六歲的兒子啟太個性衝動冒失，而且動不動暴怒、哭鬧使性子。為了趕在小學入學前改掉孩子的壞脾氣，親子開始一起做整復伸展練習。

孩子之所以暴躁易怒，是因為能量都積聚在上半身，尤其是堵在頭頂下不來。只要伸展肩胛骨，放鬆上半身（第八十～八十九頁），加上導氣下行，即可穩定情緒（第二〇二頁）。

啟太練出興趣，以三天一次的頻率和媽媽玩整復伸展。不過兩星期，已經看到了孩子的改變。

「以前，這孩子到晚上仍情緒亢奮，怎樣哄他都不睡，害我

們母子之間總是為此鬧得很僵。誰知道他現在就自己乖乖睡著了。」（N媽媽）

啟太不喜歡別人碰觸自己，但只要一放鬆肩胛骨，他整個人就忽然變得溫和，心情明顯大好。持續做整復伸展練習以後，他的上半身已經可以放鬆，氣也順利下行，個性越來越沉穩。

把握在空腹時進行的原則

經常有人問我，一天裡的什麼時間適合做整復伸展練習？原則上，只要大人小孩的狀況允許即可，並沒有嚴格的時間限制。

學員當中，有人說好早上挪出三十分鐘的專屬練習時間，大人小孩都要預先把時間空下來。

有的媽媽則是留待夜晚，在床褥上幫孩子進行肩胛骨伸展練習。伸展過程中，孩子會逐漸放鬆而進入夢鄉，大人連抱孩子上床的麻煩都省了。這時的整復伸展練習猶如親子的入睡儀式。

唯獨有一點必須特別叮嚀，就是務必在空腹下進行練習。肚子裡有食物，身體會把血液和能量都集中到胃腸，以便消化食物。如果在胃腸忙於消化之際做伸展練習，血液和能量紛紛被調回肌肉，勢必剝奪胃腸的消化力而損害元氣。

不僅如此，在胃腸裝有食物的情況下進行伸展，如同吊掛著重物運動，對連通胃部的頸部肌肉、支撐著胃的腰部周圍肌肉，都造成極大負擔，甚至引起疼痛。因此飯後應至少間隔二至三小時再做整復伸展練習為宜。

千萬不能強扳硬拉，放鬆練習效果才會好！

常有剛開始帶孩子做整復伸展練習的媽媽遭遇挫折，懊惱的問我說，「孩子不肯認真做，該怎麼辦？」她們的孩子不是說不動，就是調皮搗亂，不肯乖乖照做。最後把媽媽的耐性耗光，惹得媽媽拉下臉發脾氣，整復伸展練習反而成了親子的壓力來源。

孩子生來就是隨興所至的快樂主義者，即使一開始因為好奇而跟著大人學，幾次以後可能會感到厭煩，這時請不要責罵或勉強他們。

筆者了解父母的難處，本書除了兒童自行操作的整復伸展練習，也有親子一同互動的伸展式。當孩子意興闌珊的時候，由大人為他們施做，同樣有很好的效果。

相反的，也有認真執著的孩子埋頭苦幹做太過。無論是做太多，還是用力過度，都只會適得其反。

整復伸展練習的目的在於放鬆全身緊繃，不是比誰做得多，或是誰更柔軟有彈性。對努力過頭的孩子，大人不妨提醒他要呼氣，試著放掉力氣。不認真做的孩子和做過頭的孩子都有一個共通點，就是未能掌握合宜的分寸。

養成不多不少的「分寸拿捏意識」，會是今後的學習重點。

「抱抱」和「背背」是寶寶最棒的健體伸展操

親子肌膚接觸是發達「皮膚覺知」、促進孩子身心均衡發展的推動力。親子的肌膚接觸最早來自嬰兒時期的「抱抱」。大人將寶寶抱在懷裏的動作，乍看只是稀鬆平常之舉，卻可以訓練皮膚的覺知能力，還能夠為寶寶帶來莫大助益。

新生兒的體重大約 3 公斤左右，長到 3 歲就有 13 公斤，直到這時候，不少孩子仍經常要媽媽抱。光是想像抱起 13 公斤重物，都叫人感到不堪負荷，天下的媽媽卻能夠臉不紅氣不喘的抱著走，這是為什麼呢？原來，被媽媽抱在懷裏的寶寶，會在下意識裏自行調整重心位置，以便取得平衡，讓大人容易抱住，免得自己掉下來。他們會用身體感知適合被抱住的重心位置與貼合度，透過皮膚覺知調控身體的重心，這正是整復的最高境界！

而大人背寶寶也有同樣的健腦功效。背負寶寶時，孩子的下半身正好貼在背負者的腎臟位置。腎是喜愛溫暖的器官，給予溫熱，腎臟就有活力。上年紀的人腎容易發冷，把小孩子背在背上，代替暖暖包溫熱爺爺奶奶的腎，老人家也會變得有體力。祖孫同時獲益，不愧是一舉兩得的育兒智慧。

2 幫助孩子頭好壯壯的潛能開發

頸項端正了，學習力和記憶力都長進

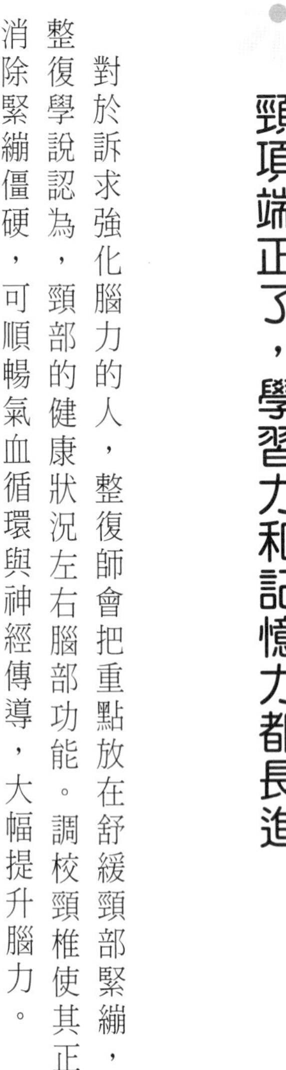

對於訴求強化腦力的人，整復師會把重點放在舒緩頸部緊繃，因為整復學說認為，頸部的健康狀況左右腦部功能。調校頸椎使其正位，消除緊繃僵硬，可順暢氣血循環與神經傳導，大幅提升腦力。

具體而言，頸子的右側關係著提取記憶的「回想能力」（output，記憶輸出能力），頸子的左側關乎記憶新事物的「銘記能力」（input，記憶輸入能力）。

讓孩子試著把脖子往左往右拉，是不是有一側比較不靈活，甚至感到疼痛呢？如果發生在右側，就表示記憶的輸出能力比較差；發生在左側，意味著記憶的輸入能力比較弱。透過正頸，解除肌肉張力失衡的僵固緊繃，無論向左轉還是右轉都靈活自如，可幫助大腦左右平衡發展。

頸項的左側與右側
各自反映不同的記憶功能

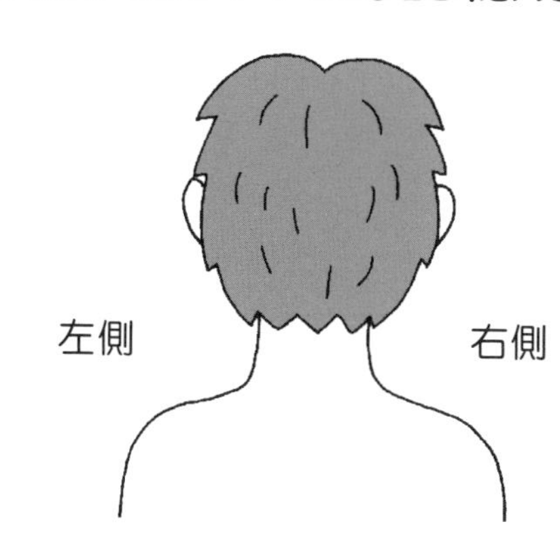

這幾年，我經常看到「烏龜頸」的孩子。他們頭頸前傾，下巴往前頂出。孩童脖子纖細，卻要支撐沉重的腦袋，由於受力大，因此容易偏斜，而「烏龜頸」正是造成頸椎偏斜的典型不良姿勢。

頸椎偏斜，影響的不僅是腦部運作能力，還可能引發眼睛疲勞、頭痛、肩頸僵硬。現在就連小學低年級的孩子，也抱怨身體出現上述各種不適，檢查他們的脖子，十之八九都有頸椎偏斜、肌肉攣縮的問題。

要特別提醒家長們的是，吃得太多也可能造成脖頸歪斜。很多人在暴飲暴食的第二天，都會感到頸部僵硬痠痛。這是為什麼呢？

原來，胃部的肌肉猶如項鍊一般連結頸部肌肉，胃部塞進太多食物，或是從早到晚吃個不停，沉重的胃袋拉扯頸部，會把頸部扯緊、扯歪了。家有抱怨脖子痠痛不適的孩子，父母不妨檢視他們的飲食習慣，很多人只不過是節制食量，就治好了困擾良久的頸部痠痛。

想要舒緩頸部僵硬、矯正頸椎偏斜的人，應連同後背與肩胛骨一起伸展，效果更顯著。頸椎連通脊椎，如果後背緊繃、脊椎錯位，頸椎的活動也會連帶受限。而肩胛骨位於脊椎兩側，同樣牽扯脊椎，影響其靈活度，因此也要一併整復。

常保姿勢端正，維持頸椎向上挺直伸展，本身就是很好的健腦姿勢。所以平日伏案用功時，養成坐姿端正的好習慣，可以大幅提升讀書寫字的效率。

動動手、動動指，有效活化大腦

靈活手部的伸展練習，對活化大腦也有效。上一節講到伸展頸部，能舒緩緊繃僵硬、調校頸椎偏斜，對調理「身體內裏」同樣有功效。而動動手指與伸展手部，則是可以直接激發大腦。

整復學說主張，人體的手連通大腦，經常活動手指和手部，可立即活化大腦。

不但如此，不時動動手腕，也可同時放鬆頸部。整復學說認為，人體的「五個脖子」，彼此間都有連動關係。這五個脖子是脖頸子、左右手的手脖子、左右腳的腳脖子。頸脖子不正，也會反映在手脖子與腳脖子。

將雙手大姆指放在手心上握拳，然後慢慢轉動手腕。先由內向外

手部活動循兩條路徑活化大腦

轉，再由外向內轉，分別轉十次。轉動時如果感到僵硬不靈活，甚至活動困難，就表示頸項偏斜不正。

右手腕明顯轉動不順，說明右頸部相關的「回想能力」不佳；左手腕轉動不順，顯示左頸部相關的「銘記能力」較差。

讓孩子轉轉雙手腕、雙腳踝，倘若靈活度出現左右差異，應加強轉動僵硬不順的一邊，可有效改善頭頸部的偏斜。

經常活動手部（包含手指、手腕等），有整理思緒、消除大腦緊張的效果。

手部反映一個人的精神狀態。手部緊繃，不僅說明頸椎可能錯位、頸項僵硬，也反映大腦處在緊張狀態。精神緊繃會同步影響肉體，手腕僵硬顯示身體也緊繃。這時更應該充分放鬆手部和手腕，透過健體伸展操（整復伸展練習）放鬆身體，好讓身心都得到舒緩。

筆者主持的整復伸展教室，在每次進入全身練習之前，必定先做手部伸展。去除大腦與身體的緊繃以後，再伸展全身，可以獲得更深層功效。

這個小小的要領適用於生活中的大小場面，無論是做功課，還是重要大考前，養成動動手、動動指的簡單習慣，結果會大不同。

比記性更重要的「忘性」

前面說到該如何強化大腦的「銘記能力」與「回想能力」，但其實大腦還有個比這兩種能力更了不得的功能，那就是「忘性」。

一般人都不樂見自己多忘事，「善忘」總被貼上負面標籤，殊不知孩子要想積極進取，就不能沒有「忘性」。

謹記不忘何嘗不是一種「執著」？成為自我束縛的枷鎖。執著於過去，就難以大步前行，所以不能只是一味增強記憶能力，也必須同時養成適度的「忘性」。

我所謂的「忘性」，是指即使遭遇挫折不如意，也能瀟灑面對，讓負面經驗盡付流水，很快振作起來。這事說來簡單，做起來何其不容易。許多人沉溺在悲傷的過往與失敗的痛苦中，久久無法走出陰影。

然而，即便是活在過去的人，當他們還是襁褓中的嬰兒時，個個都是「善忘達人」。蹣跚學步的幼兒，儘管摔了又摔，仍然努力掙扎著爬起來，一心只想學會走路，而他們最後也必定如願以償。之所以不怕跌、不怕撞，屢敗屢戰，原因只有一個，就是他們能夠立刻忘卻失敗。

人體的右頸項和「忘性」的作用有關。第六十五頁說到脖頸的右側關係著提取記憶的「回想能力」，現在卻又說和「忘性」有關，這豈不是相互矛盾嗎？

事實上，放鬆右頸的緊繃，不只能強化提取記憶的「回想能力」，還可以將過去的負面經驗轉化為正向能量。比方說，多數孩子在大考中遭遇滑鐵盧，十之八九從此一蹶不振，但是舒緩了右頸的緊繃以後，他們又可以在失敗中學到教訓，很快收拾心情，重新面對挑戰。即使遭受同樣際遇，也會因為每個人的大腦解釋不同，而完全改寫未來。

不但如此，面對新挑戰時，如果對未來懷抱夢想，腦海中有著美麗的藍圖，更可以激勵士氣，勇往奮進。這樣的「做夢能力」，和左頸項有關。頸項的左側不只影響記憶新事物的「銘記能力」，也關乎描繪光明未來的想像能力。

不執著於失敗經驗的「忘性」，與憧憬光明未來的「做夢能力」，都是孩子面對成長的重要能力。

這些年，「不想長大」的孩子變多了，這莫非是因為他們不相信自己有遠大的未來？對將來沒有期待的孩子，又怎會在課堂上或運動場上熱情投入呢？對人生只求得過且過的話，縱使有一身好本領，大概也無緣發揮。

現在，讀者們應該可以理解到頸項整復伸展練習的意義了。

頸項是重要神經與大血管的通道，整復學說認為，「脖子短縮，壽命也短縮」，但頸脖子短縮何止是折壽，就連孩子的未來也會跟著打折。

肌肉鬆柔、頂天而立的頸項，既是健腦的動力，也是引領孩子迎向光明未來的重要力量。

將重心定錨在身體的中心點，養成專注力

「只要坐在書桌前就立刻左顧右盼」、「總是見異思遷，做事三分鐘熱度」……很多人都抱怨孩子注意力渙散，無奈之下只好自我安慰說，大人自己都很難專心了，何況是天生沒定性的孩子。

大人們有所不知，孩子才是名符其實的「專注大師」。只要是自己感興趣、覺得新奇好玩的事物，他們可以忘掉全世界，廢寢忘食的玩不停。如果把這股專注的蠻勁用來學習，將會是非常強大的致勝武器。

整復學說觀察到，孩子在發揮驚人專注力的當下，身體會出現某個共通點，那就是「將身體的重心放在中心點」。

從站姿來看，這時的體重貫注於雙腳的大拇趾側（雙腳內側）；換

句話說，這是「專注力凝聚的體態」。

相反的，當重心跑到身體的外側時，專注力和幹勁都會散失，氣一旦潰散，就會感到厭倦不耐煩。這時的體重會轉而承載於腳的小趾側（雙腳外側），這是「專注力潰散的體態」。

O型腿的孩子習慣將體重放在腳的小拇趾，所以有容易分心的傾向。

反推可知，刻意將身體重心定錨在中心點的體態，可以幫助我們養成專注力。也就是「藉由肉體層面，操作心理層面」。第九十三到九十七頁的重心定位伸展練習，即可協助孩子將重心鎖定在身體的中心點，凝聚專注力。

刺激耳朵和腎臟，養成專注力

「不是都已經理解，也學得好好的，怎麼一到考試就失誤連連……」怪哉，為何有的孩子空有實力卻考不出好成績？說穿了，就是粗心大意，注意力差*。

人要能夠趨吉避凶，事先察覺危險，避開傷害和事故，得要有足夠的注意力。出社會以後，注意力同樣很重要。注意力不足，工作頻頻失誤，即使專業能力再強，別人也不敢委以重任。

整復學說把「耳朵」視為注意力的門戶，「聽覺」的好壞影響一個人能否真實掌握當下狀況。對狀況如果夠敏銳，就可以察覺眼前的許多變化。

注意力的養成，可以從「鬆耳伸展練習」（第九十八頁）和冥想著手。人一旦閉上眼睛，聽覺會變得靈敏，因此是很好的注意力訓練。

一般來說，耳朵大的人腎臟也比較有力。腎臟在整復學說中，被視為與耳朵關係密切，藉由整復伸展練習激發腎氣，也可以強化耳朵的功能。腎位在脊椎兩側的腰部上方，大動作扭轉軀幹能給予腎臟適度刺激。

腎氣足的人比較耐操勞，別人扛不住，他還能挺過去，所以賺錢能力相對更強，這就是為什麼日本把耳垂大而飽滿的耳朵稱為「福耳」，說是容易蒙財神爺眷顧。

＊專注力和注意力有所不同。專注力指專注在單一對象，而注意力不只是專注而已，還能同時關注多個對象，或是從多項信息中篩選出自己所需，並加以利用和處理。

注意，不建議大人出手為孩子進行頸部伸展。因為纖細的頸項布滿神經，即使是專業整復師，在對頸部施術時都得戒慎恐懼，所以一般人並不適合自行操作。第 88 ～ 89 頁介紹的肩胛骨伸展練習，則是一款適合由大人為孩子施作的健腦操，筆者鄭重推薦。

2 頸項往前傾，定住 10 秒鐘

① 雙手十指在腦後交握，手掌心貼著後腦勺。一邊緩緩吐氣，一邊將頸項往前傾倒。

② 雙手肘向前方夾靠，用雙手掌的重量加壓後腦勺，定住 10 秒鐘。

提升腦力

旋轉頸項一圈，活化大腦

將頸項往前、往後、往右、往左伸展，再加碼往右旋轉、往左旋轉，一共 6 個動作。6 個動作一一做到位，能消除頸項的僵硬緊繃和攣縮，活化大腦無死角。組成連續動作「旋轉頸項一圈」，即可 360 度全方位消除頸部僵硬。

1 指尖抵住下巴向上推，面朝天花板定住 10 秒鐘

① 雙手合掌，指尖抵住下巴底部。

② 一邊吸氣，一邊將下巴往上推，使面部上仰，脖子往後倒，定住 10 秒鐘。

5 頸項向左右扭轉

① 雙手除拇指以外的 8 根手指頭貼在心窩（譯註：胸口凹陷處，在胸部正中線、胸肋骨下凹窩）。

② 緩緩吐氣，面部朝左側轉動，連帶牽引頸項扭轉。意念放在手指貼住的心窩處，想像身體由此處開始扭轉。

③ 緩緩吸氣，面部轉回正前方。

④ 左右換邊，轉向右側，重複以上動作。左右交替各 8 回。

6 旋轉頸項

① 雙手貼肚皮，作勢圈住肚臍，手掌使力按壓肚子，以防氣往頭部浮動。

② 以頭部重量緩緩帶動頸項畫大圓圈。順時鐘和反時鐘方向各畫八大圈。

3 用下巴在空中畫圓

①下巴向上頂出，先邊吐氣邊由上往下畫圓 10 圈。圓圈畫得越大越好。

②再由下往上畫圓 10 圈時吸氣。注意，肩膀保持固定不動。

4 頸項往左右牽拉

①雙手十指在背後交扣，貼在左側腰際。

②右手繼續貼左腰際不動，左手心越過頭頂，貼在右耳上，一面吐氣，一面將頸項往左傾。

③以左手掌的重量加壓頭部，定住 10 秒鐘。

④左右手交替換邊，重複上述動作。

將上半身從頸項到後背高高拱起，再挺腰向後反弓，來回多做幾次，就可以舒緩頸背僵直。這一式可連帶放鬆與頸脖子連動的手脖子（手腕），收到雙重功效。

2 臉朝上仰，背部反弓

①一面吸氣，一面仰頭，臉部朝上，挺起腰背向後反弓。

②反覆操作動作1、2共10次。

提升
腦力

舒緩頸背僵直，思考好清晰

平常鮮少活動的背脊很容易緊繃發痠，位在頸椎延長線上的脊椎骨錯位，或是僵硬不靈活，頸部活動也會連帶受限。

1 一邊吐氣，一邊拱背

① 在椅子上就坐，或是採跪坐姿，雙手指尖反向對著自己，手掌貼在大腿中央。

② 手肘打直，一面吐氣，一面將胸口緩緩內縮，背脊向後拱成圓弧狀，臉朝下方。

③ 意念放在手臂，從內側到手腕自然伸直。手掌心若無法貼合大腿，稍微浮起也可以。

大幅度
展開肩
胛骨

2 拱背成圓弧狀

① 一邊吐氣，一邊緩緩將胸口內縮，背脊拱成圓弧狀，臉朝下方。

② 手肘前伸，意念放在肩胛骨做大幅度展開。

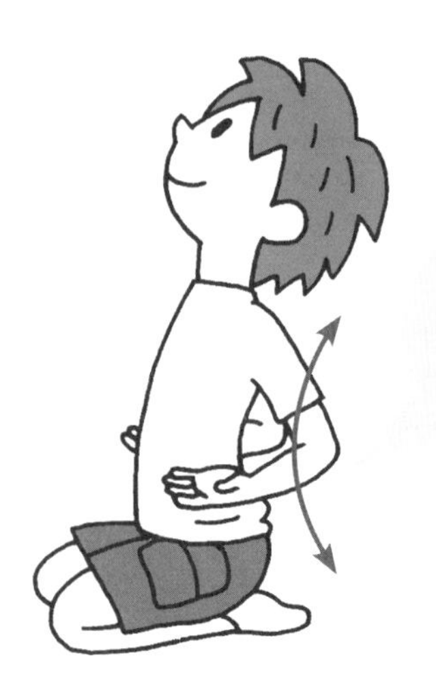
意念專注於雙
手肘，在背後
互相貼近！

3 臉朝上，腰背反弓

① 一邊緩緩吸氣，一邊挺身，面朝上看天花板，腰背向後反弓。

② 在此同時，雙手離開腰際，左右手肘盡可能在背後相靠。

③ 雙手掌心朝上，意念專注於左右肩胛骨互相貼近。

④ 吸氣，返回動作 1。反覆操作動作 1 ～ 3，10 回。

提升腦力

舒展肩胛骨，矯正駝背

頸椎到背脊拱成圓弧狀，然後挺腰背反弓後仰，來回多做幾次，即可舒緩頸背僵硬痠痛。在此同時，利用手腕動作，帶動肩胛骨大幅度開闔，可以全面調校頸背部張力，一併矯正駝背。在消除肩胛骨緊繃之餘，還能明亮雙眼，使眼前一片清新。

1 採跪坐姿，手背貼腰際

① 在椅子上就坐，或是採跪坐姿，雙手背貼後腰際。

大腦趁夜間睡眠當中進行整理工作

放鬆頸部、肩胛骨，能助人好入睡，給人一夜好眠，對大腦而言，無疑是一帖大補良藥。大腦在白天接收大量信息，趁著身體夜晚入眠之際，才開始進行去蕪存菁、分門別類的整理工作，將信息深化為可用的思考材料。

簡單說，睡眠就是大腦的整復時間。睡不安穩，或是睡眠不足，大腦便無法妥善整理信息。俗話說「能睡的孩子長得壯」，同樣的，「能睡的孩子頭好壯壯」，父母請督促孩子晚上早早睡，還要讓孩子睡得香甜、睡得飽足。

2 大人的雙手包覆並轉動孩子肩胛骨

① 大人的右手從孩子右肩前方扶住肩膀，左手從上方包覆孩子右側肩胛骨。

② 扶起孩子的右肩，使其稍微離地，緩緩往前轉動 10 圈，再往後轉動 10 圈。

③ 換左側，重複動作 1、2。

提升
腦力

轉動肩胛骨，鬆筋又活腦

轉動肩胛骨使其靈活，不只能舒緩背脊緊繃，也能一併消除頸項僵硬。左右任一邊特別痠痛時，可多轉動數回，加強舒緩力道。

但是，筋骨錯位嚴重或十分緊繃的孩子，轉動時會特別疼痛，這時切不可強行扳動，只能輕輕搖晃，慢慢鬆開緊繃。做這一式通常會感到全身放鬆，是孩子們非常喜愛的伸展練習。

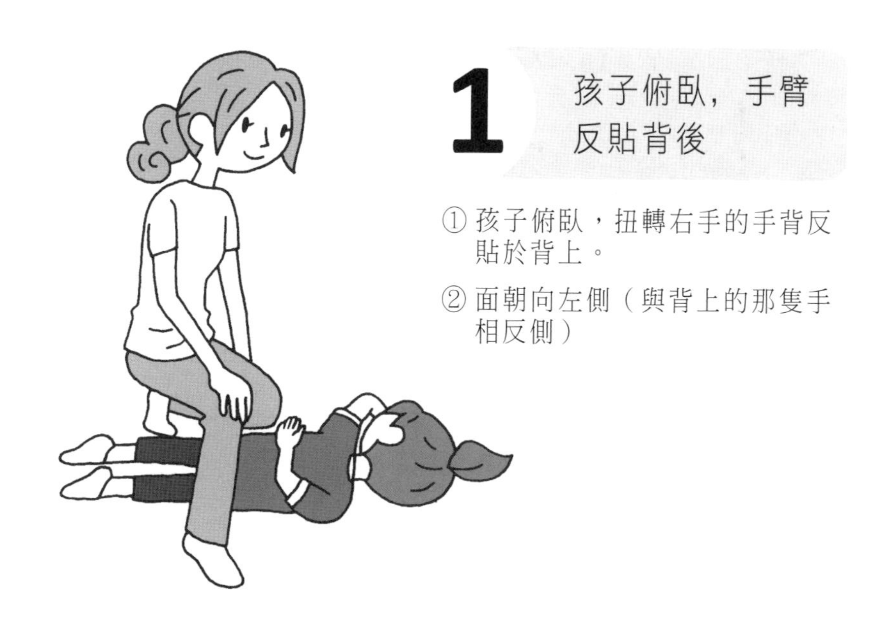

1 孩子俯臥，手臂反貼背後

① 孩子俯臥，扭轉右手的手背反貼於背上。

② 面朝向左側（與背上的那隻手相反側）

勞，因此在出席比賽、發表會或演說等重要場合之前，先來一段手部伸展練習，有助舒緩緊繃，充分發揮實力。

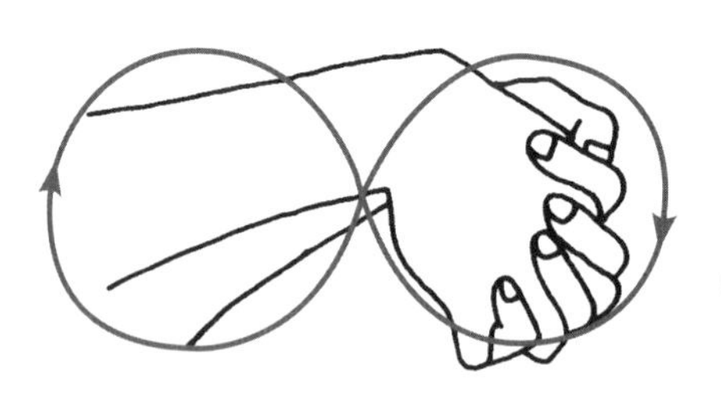

2 雙手十指交握，旋轉手腕

① 雙手十指交握，以手在空中慢動作仔細橫寫「8」字。動作要領是貼緊腋下，手肘固定不動，只轉動手腕。

② 持續寫 20 秒以後，左右手指上下互換位置再重新交握，重複同樣寫字動作 20 秒。

3 大拇指與小拇指交錯豎指

① 雙手輕握拳，豎起左手大拇指、右手小拇指。

② 換成豎起左手小拇指、右手大拇指。

③ 以快節奏重複以上動作 10 次。

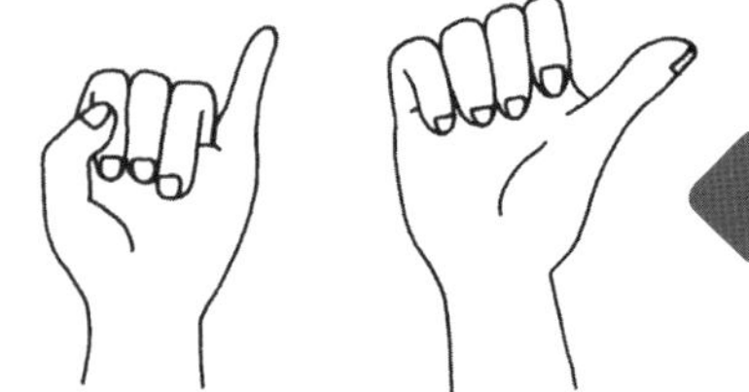

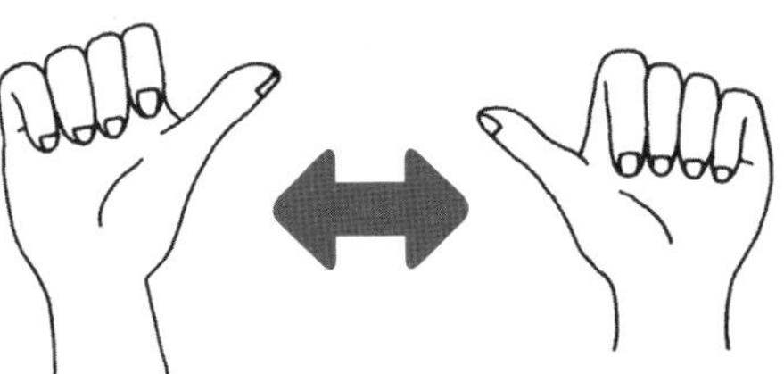

提升
腦力

手部伸展練習，消除腦部疲勞

活動手部可直接刺激大腦，是十分有效的健腦手段。因為是細部的小動作，不受場地限制，到哪都能玩，搭乘公車、捷運，也可以在車上親子同樂。

由於手部伸展練習可同時放鬆大腦，消除腦部緊張疲

1 雙手十指上下輪流交握

① 雙手十指交握，然後「啪」的瞬間打開交握的十指。

② 將打開的十指上下互換位置再交握。

③ 重複以上動作，有節奏韻律的操作36次。

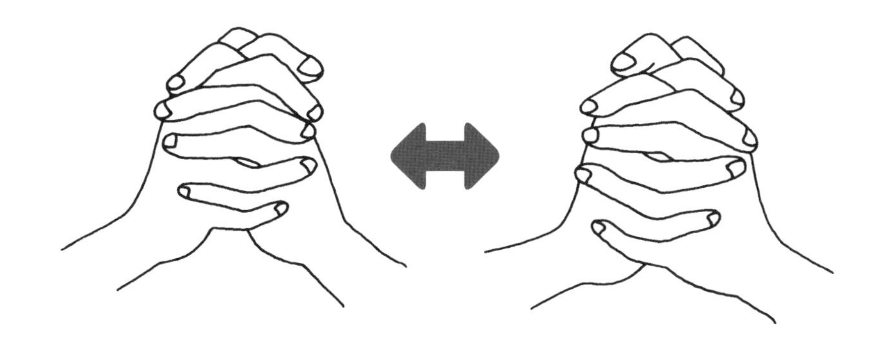

極致的記憶術，
就是一邊動手一邊出聲背誦

無論學習哪一科目，都得從背記「基礎知識」起步。想要記得快、記得牢，最能收事半功倍之效的方法，就是一面活動肢體，一面出聲背誦。

用身體記憶，遠比單用頭腦記憶更快速且深刻。動用身體去記憶，是以身體領會，將記憶內化為血肉、入於身心。孩子玩手部伸展練習時，一面出聲背誦，那些需要背記的內容很快就會刻在腦海裏了！

4 雙手無名指相對互轉

① 無名指是所有手指當中最不靈活的指頭，多多活動無名指，也是健腦的一環。

② 無名指以外的其餘手指，左右指的指腹互貼。

③ 左右無名指相對，互轉圈圈。注意，轉圈時，兩手無名指避免互相碰觸。往前、往後，各互轉 10 圈。

提升專注力

手部運動左右互相抗衡，把重心定位在身體中心點

本式藉由左右手互拉的抗衡力，矯正身體的骨架偏移，將重心定位在中心點。操作時，留意左右肩臂保持水平，不要有高低差。

正確定位身體重心，除了有助提升專注力，還能促進血液新陳代謝，達到立即活化大腦的功效。考前需要提神醒腦，或是感到眼睛疲勞時，可以多多練習。

雙手在後腦相扣互拉

①雙手除大拇指以外的手指，在後腦處互扣，手肘水平橫張。

②左右手互相拉扯，將意念放在左右肩胛骨，盡可能靠攏（夾脊）。保持自然呼吸，定住10秒。

③左右手互換上下位置，重複以上動作。

行，來回運動腳脖子，連同頸脖子也一併得到舒緩，在提升專注力的同時，又活化大腦，達到雙重功效。

2 雙臂向後擺盪，順勢踮起腳後跟

① 一邊呼氣，一邊將雙手向身後下方擺盪，兩腳後跟順勢著地，並抬起腳尖。

② 配合呼吸，反覆操作動作 1、2，共 10 ～ 30 次。

提升
專注力

擺盪運動，把重心定位在身體中心點

透過前後左右擺盪兩手臂，調校身體重心，最終達到將重心定位在身體中央的目的。先踮腳尖，接著移動重心改踮腳後跟，再挪回重心踮腳尖。如此兩者交互進

1 雙臂向前擺盪，順勢踮起腳尖

① 雙腳打開與肩同寬，雙手放鬆自然下垂。

② 一邊吸氣，一邊抬高雙手至肩膀高度，兩腳順勢踮起腳尖。

抬高腳後跟，心情也飛揚

抬腳後跟伸展練習的動作要領，在於踮腳尖時維持身體平衡。除了養成重心定位的正確平衡感，踮腳尖的姿勢在整復學說來看，正是「追求夢想」的姿態。人在心情飛揚，或是熱切渴望某對象事物時，會不自覺抬腳跟踮腳尖。

我們反向操作，刻意做出這一姿態，追求夢想和希望的心情便油然而生。各位只要親身一試即可體會，當腳後跟上提，身體自然會隨之挺起胸膛，一掃壞情緒的陰霾。當孩子感到氣餒沮喪時，請務必帶著他試試這一招。

2 手拉手一起蹲低低

① 牽著手不放，兩人同時蹲低。上半身保持直挺，腳後跟仍維持抬高的踮腳尖姿勢。

② 蹲低的屁股碰觸到抬高的腳後跟，即返回動作 1。

③ 反覆動作 1、2 共 10 次。操作中留意對方平衡，維持雙方不跌倒。

腳後跟抬高，定住不動

提升
專注力

親子互動平衡運動，將重心定位在身體中心點

腳尖站立，保持平衡，然後反覆腳後跟著地再抬高的上下移動，養成將重心定位在身體中央的平衡感。自己上下移動的同時，還必須配合對方的平衡，學習互助合作。

動作要領在於「關照彼此的反應同步呼吸」。孩子一個人操作時，可扶著柱子或桌椅進行。

1 面對面，手拉手

① 親子面對面，雙腿併攏站直。

② 彼此手拉手，抬高腳後跟。

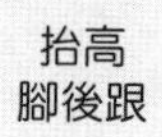

靜，提升注意力。操作轉耳練習時，應先向前轉再向後轉。後轉動作有助淋巴回流，促進代謝廢物排除。

2 耳朵向前轉，再向後轉

① 大拇指與食指捏住整隻耳朵，先往前再往後各轉 10 圈。旋轉幅度大、速度慢。

提升
專注力

上下左右拉長耳朵，促進代謝

聽覺敏銳能廣聽四方，接收大量信息。常做張耳伸展練習，不僅可增強聽力，又能安定情緒，使人保持冷

1 上下左右拉耳朵

① 大拇指與食指捏住耳朵側緣往外拉；捏住耳朵頂端往上提；捏住耳垂往下拉。

② 將整隻耳朵往各方向拉開，力道以感到些微疼痛為宜。

腦緊繃。

大人可以從旁協助孩子扭轉，但是力道要輕緩，避免過度施力造成傷害。

2 大人輔助孩子扭轉上半身

① 孩子一面吐氣，一面將上半身向左扭轉至所能的最大角度。扭轉時，腰部始終面向正前方固定不動。

② 大人左手把孩子向後拉近，右手把孩子的右肩向斜前方推出，輔助孩子扭轉的力道，直到孩子把氣吐盡。

③ 孩子一面吸氣，一面返回動作 1。

④ 重複動作 1、2 共 10 次。

⑤ 大人小孩一起換左右手，孩子身體向右扭轉，重複以上動作。

提升
專注力

扭轉軀幹，激發腎臟活力

耳通於腎，活絡腎氣可以強化聽力。腎臟位於腰部上方，脊椎兩旁，大角度扭轉軀幹，即可激發腎氣。扭轉軀幹也可同時帶動頸椎和脊椎，活化周邊神經，放鬆大

1 手扶孩子肩膀

① 孩子採跪坐姿，右手貼在左肩前。

② 大人跪在孩子身後，左手穿過孩子左腋下，反手包覆住孩子的右手；大人右手從孩子背後貼著孩子的右肩。

柔道、劍道、空手道、書道：學習傳統之「道」，鍛鍊孩子心性

再優秀的天才頭腦、傑出的運動神經，想要成就一番大事，還需要堅毅的心性支撐。如果內心脆弱，稍微遇到挫折或遭到嚴厲斥責，就從此氣餒而一蹶不振，徒有一身武功卻無心發揮，無異是暴殄天物。越挫越勇的韌性，已經是現代人難能可貴的心理素質，所以父母更應該調教孩子養成堅忍的毅力。

那麼，堅忍的毅力該如何養成呢？說來簡單，就是「同樣的事反覆一練再練」。同樣的事，昨天做，今天做，明天還要做，做到自己游刃有餘。孩子在反覆操作的熟練過程中，養成信任自己「做得到」的自我信賴能力，與百折不回的毅力。一個勁兒的重複做一件事，磨練自己的心志，有朝一日出社會，自然能夠充分發揮自身能力。

作者心目中的終極版「反覆修練法門」，首推習藝，修練各種「道」──柔道、劍道、空手道、書道、茶道等。這些「道」都是在歷史長河中經過千錘百鍊而漸次完成的「形式」，熟習與精進這些技藝的過程，如同一而再的重複操練先人以智慧縝密織就的「形式」，走上無有終點、綿延無盡的「道」。

重複操作「形式」的練習，即使與學校課業成績無關，或無助於在體育競技大會上奪牌，卻能練就孩子強大的心性。父母在為孩子選擇才藝時，難免以現實利益為考量，例如，能否幫孩子考好成績、是否有助於將來獲取資格等，但是從長遠的眼光來看，透過才藝學習「道」，內心有條堪可一輩子依循的「路」，我認為這是何等了不起的學習。

3

為孩子提升運動能力的健體伸展操

髖關節與肩胛骨靈活，活動力大增

決定運動能力的關鍵，在於「髖關節」與「肩胛骨」的活動條件。這兩大關節靈活順暢，孩子自然身手矯健，最佳實例就屬美國職業籃球運動員麥可・喬登（Michael Jordan）。

他彷彿不受地球重力限制的跳躍力，與出神入化的盤球技巧，為他贏得「籃球之神」的美稱，堪稱史上最偉大籃球員。他的腿上功夫有賴活動順暢的髖關節，控球能力則來自靈活的肩胛骨。不只是麥可・喬登如此，所有優秀運動員都有的共通點，就是活動自如的髖關節與肩胛骨。

髖關節掌控了膝蓋的屈曲與伸展、腿的內收與外展、腿的內旋與外旋共六種動作。這六種動作都能夠流暢運作，方才「圓滿」。當髖關節活動「圓滿」，腿的活動力就會發生戲劇性變化，不僅動作更靈

順滑的髖關節與靈活的肩胛骨，賦予身體活動自如的能力

活，連同瞬間止步或轉向、原地跳高等的操作，都能身隨意動，運用自如。

然而，一般人日常的肢體活動單調，如不刻意伸展髖關節，很快就會僵固，還可能因為使用不當，造成轉動軸心偏移，導致左右兩邊受力不均，靈活度不相同，一腿比較俐落，另一腿反應遲鈍。

全方位伸展髖關節，使偏移回正、受力平均，六種基本動作才得以「圓滿」。

與髖關節有「兄弟關係」的是肩胛骨。和髖關節一樣，肩胛骨也主掌六

種活動，肩胛骨靈活順暢，上半身的動作也會輕巧有勁。特別是偏重使用肩膀的體育活動，對肩胛骨的靈活度要求更高，單用手臂使勁效果不佳，從肩胛骨發力，可以讓棒球飛得更遠，游泳撥水更有力。

然而，肩胛骨也和髖關節一樣，平時如果不刻意活動，就會僵硬緊繃，所以需要經常伸展加以放鬆。

小學生正值身體快速發育階段，作者並不贊成施以嚴酷的肌力或跑步訓練，以免引發關節、肌肉疼痛。這時期與其強求速度和肌力，作者以為，藉由伸展髖關節和肩胛骨以端正身體骨架、確保肢體在均衡的張力下靈活調度，才是更優先選項。

有了活動力「圓滿」的髖關節和肩胛骨，使肢體運作順暢，無論從事任何活動都可收事半功倍之效。

「放鬆的上半身與氣足的下半身」最能發揮天賦能力

美國職棒大聯盟鈴木一朗選手，每次就打擊位置前，都會先岔開雙腿，鬆腰坐胯，左右兩腳交替高舉用力踏地，以此伸展髖關節。球場上還會不時看到他一面抖動手腳，一面搖晃全身。這些都是理想的暖身準備動作。

鬆腰坐胯，可將氣貫注於下半身；抖動全身，用來放鬆上半身，無不是在調整身體進入「上虛下實」狀態。上半身舒鬆，下半身能量飽足，這樣的「上虛下實」狀態，正是人體本真的自然態，也是用來發揮天賦能力的最佳狀態。

我們形容一個人狀況差，會說「欲振乏力」、「萎靡不振」，描繪極為傳神。當身體僵固，就連「振」（搖晃、抖動）都成問題，做任何事變得困難重重，縱使有心也無力。人體一緊張，頭頸肩臂就會不自覺使勁，下半身卻虛空無力，氣血循環不良。

位於肚臍下的「下丹田」，本該是全身能量（氣）匯聚之處，氣若是逆衝頭頂，就會頭昏腦鈍，讓人成事不足，敗事有餘。這時的身體處在「頭熱足冷」狀態，與理想的「頭冷足熱」正好相反，會導致頭腦失去正確判斷力，肢體反應慢半拍，難以發揮應有能力。

用來放鬆上半身、鍛鍊腿腳力量的伸展練習，可以有效調整身體成為上虛下實、頭冷足熱的理想狀態，讓孩

無法發揮能力的狀態

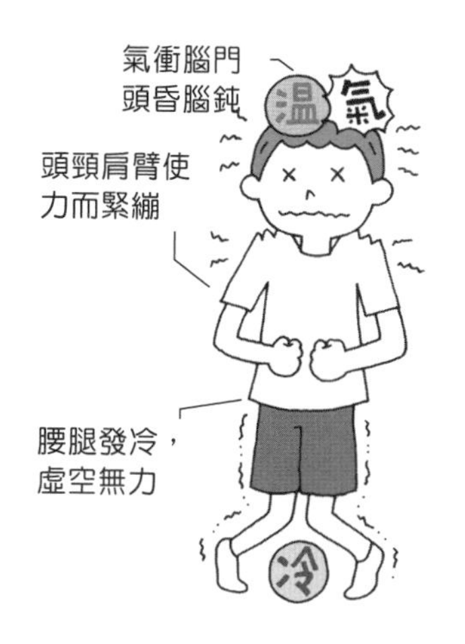

善於發揮能力的狀態

子隨時大展身手、發揮實力。特別是強化下半身，能夠泄上半身不必要的緊繃壓力。

此外，浸泡半身浴，將心窩以下泡在令人舒適的溫水裏，好整以暇的享受泡澡時光，也可以調整身體成為「頭冷足熱」的理想狀態。每次泡半身浴應至少二十分鐘，對孩子來說，或許會感到無聊難耐。大人不妨以聊天或玩水等方法誘導孩子，從孩子能接受的範圍開始做起。

泡半身浴時，心窩以上部位，連同手肘以上都應露出水面。這是因為手部與頭部相連通，手泡熱了，頭也可能發暈。

感受髖關節的每個細部活動。剛開始練習時，一口氣從 1 寫到 10 或許會有些吃力，只要在力所能及的範圍內慢慢增加就好。

2 用腳後跟在空中書寫數字

① 和動作 1 同樣高舉右腿，以腳後跟為筆，從 1 寫到 10，字寫得越大越好。

② 換左腿寫數字。

提升運動能力

大幅度活動雙腿，順滑髖關節

用腿在空中書寫數字，可以全方位活動髖關節，一舉完成髖關節的6種動作功能，是有效順滑關節的伸展練習。

仰躺有助身體從地球的重力中暫時解放，讓我們充分

1 用腳尖在空中書寫數字

① 面朝上仰躺，雙手自然伸展，平貼於地面。右腿高舉向天花板，以腳尖為筆，從髖關節帶動腿，在空中寫數字，從1寫到10，字寫得越大越好。

② 換左腿寫數字，可寫成左右顛倒的鏡像文字。

一邊做膝蓋屈伸運動，一邊保持平衡，有助身體學習穩定重心，並養成沉著冷靜的個性。

2 蹲低至屁股碰觸腳後跟

① 一邊吸氣，一邊彎曲膝蓋緩緩蹲低。腳後跟自然上提，以腳尖平衡重心。

② 注意保持身體直立不駝背，屁股不向後翹。

③ 一邊吐氣，一邊回到動作1。反覆操作以上10～30回。

提升運動能力

深度屈伸膝蓋，刺激髖關節

本式透過大動作反覆屈曲和伸展膝蓋，來強化腰腿。雙手高舉至頭頂，圈成一空心圓球狀，用意在強化「上虛下實」（參照第 108 頁）的意識。

1 雙手在頭頂圈成一圓球狀

① 雙手高舉至頭頂，圈成一顆直立的空心圓球。

② 兩腿腳後跟併攏，腳尖打開。

2 內旋伸展練習

① 孩子仰躺，右膝90度屈起，膝蓋以下向外轉，右腿貼地。

② 大人右手扶著孩子的右膝蓋，左手扶著孩子的右側腰際，輕壓孩子的右膝蓋貼地，並搖晃10秒鐘。

③ 膝蓋無法貼地時，請勿強壓，在可承受的範圍內壓低，並輕輕搖晃即可。

提升運動能力

全方位靈活髖關節，開展關節活動範圍

大人為孩子拉拉腿，協助全方位活動髖關節，完成六大基本動作功能。髖關節運作順暢，可加大活動角度，使動作更靈活。關節過於緊繃的孩子，一開始練習可能感到疼痛，大人應觀察孩子的反應，控制手中力道。時間不允許的話，只做動作 6 和動作 7（第 118 和 121 頁）也 OK。這一組伸展練習還有預防 O 型腿和 X 型腿等腿變形的效果。

1 外旋伸展練習

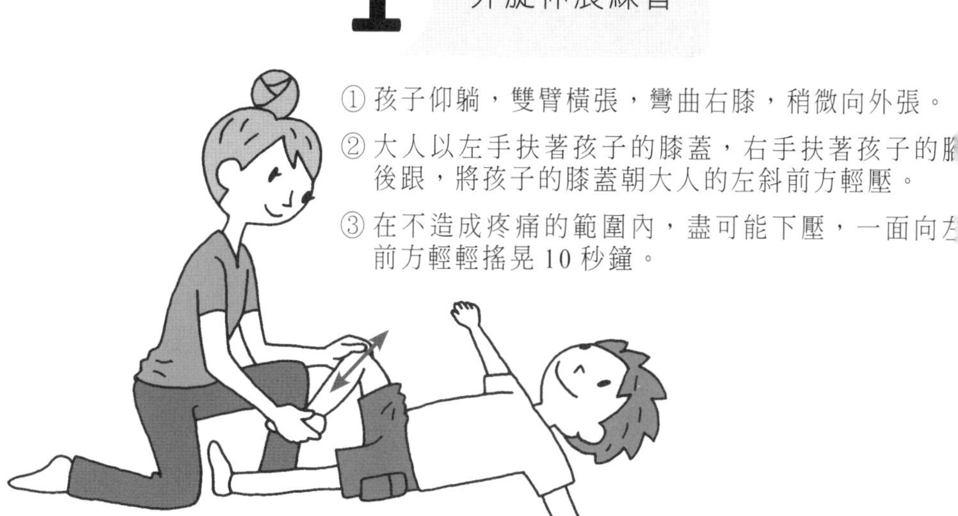

① 孩子仰躺，雙臂橫張，彎曲右膝，稍微向外張。

② 大人以左手扶著孩子的膝蓋，右手扶著孩子的
後跟，將孩子的膝蓋朝大人的左斜前方輕壓。

③ 在不造成疼痛的範圍內，盡可能下壓，一面向
前方輕輕搖晃 10 秒鐘。

5 腿前側伸展練習

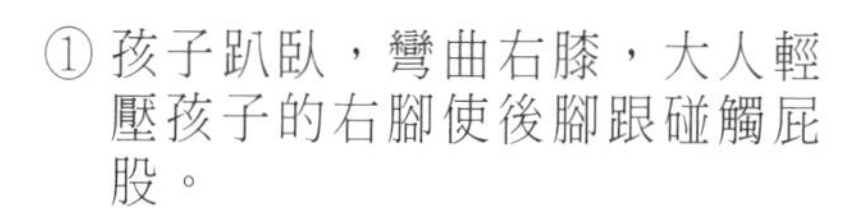

① 孩子趴臥，彎曲右膝，大人輕壓孩子的右腳使後腳跟碰觸屁股。

② 大人右手托起孩子的膝蓋，抵在自己的膝蓋上。左手輕壓孩子的右腳尖，上下輕輕搖晃孩子的右膝蓋10秒鐘。

③ 以上動作，換左邊操作。

6 屈膝伸展

① 孩子仰躺，兩膝彎曲。大人扶著孩子的膝蓋，向孩子的胸口晃動輕壓10秒。

3 外轉伸展練習

① 孩子仰躺，右膝伸直，盡可能向外側打開。

② 大人一手扶住孩子的右腳後跟，一手扶住孩子的左側腰際，左右手交互施力，輕輕晃動孩子的身體 10 秒鐘。

③ 操作過程中，請保持孩子的膝蓋始終打直。

4 內轉伸展練習

① 右膝蓋打直，右腿倒向內側（左側）。腰部以下扭轉至右腿貼地。注意，孩子的雙肩應始終平貼地板，不可浮起。

② 大人扶著孩子的右腳踝與右側屁股，將孩子的右腿往腳尖方向輕輕搖晃 10 秒鐘。

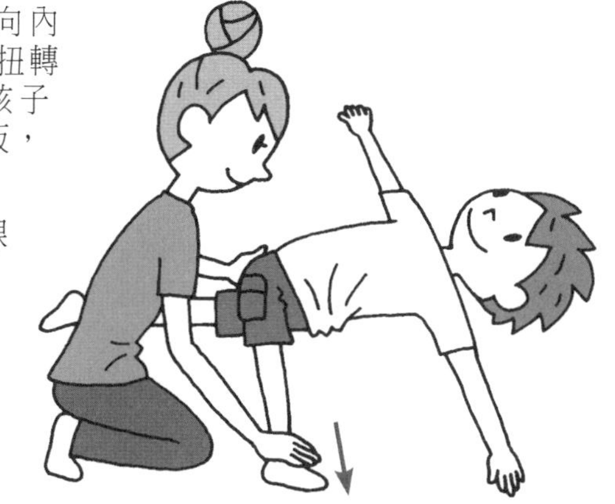

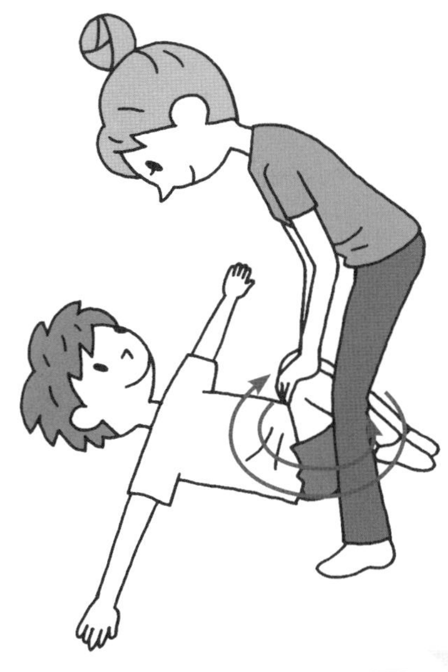

7 兩膝大動作迴轉

① 孩子仰躺，彎曲雙膝。大人扶著孩子的膝蓋，將自己的雙腿跨在孩子的雙腿間。

② 大人大幅度而緩慢的晃動雙手雙腿，以自己晃動的力道帶動孩子的膝蓋大幅度向右轉動10回。再以同樣的要領，向左轉動10回。

③ 為小小孩操作時，只用手扶著孩子膝蓋轉動即可。

操作中，過於緊繃的孩子可能喊疼，所以剛開始不宜心急，只要輕輕搖晃，後續視狀況逐漸加重力道。

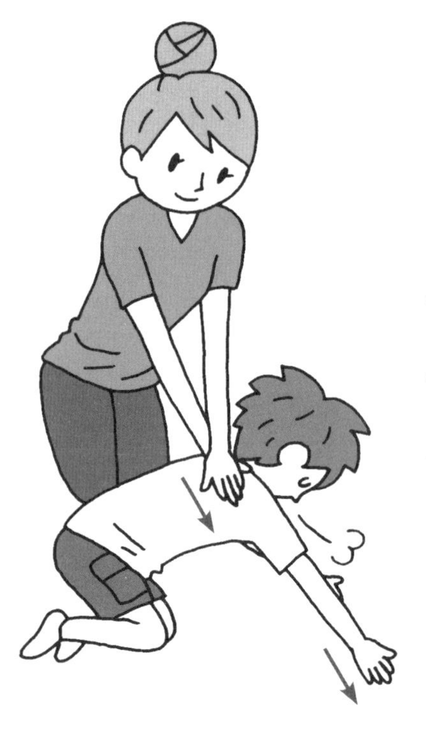

2 配合手臂活動，推動肩胛骨

① 孩子一面吐氣，一面將上方的右手掌往指尖方向滑動。

② 大人按壓孩子的右肩胛骨，輔助右手臂伸展。

③ 孩子把氣吐盡後，回到動作 1。反覆動作 1、2 共 30 回。

④ 換邊，孩子左上右下側躺，以同樣的要領重複動作 1、2。

提升運動能力

活動肩胛骨，強化柔軟度

這是用來消除肩胛骨緊繃的伸展練習。肩胛骨靈活有彈性，背脊和手臂的活動力也會大增。

1 孩子側躺，兩臂伸直

① 孩子左下右上側躺，雙膝併攏，輕輕彎曲，注意保持身體穩定，不傾倒或晃動。

② 孩子雙臂筆直伸展，手掌心互貼。

③ 大人坐在孩子背後，雙手掌重疊在孩子的右肩胛骨（位於上方的一側）。

造成身體偏斜的習慣 &
矯正偏斜的翻身

孩子的身子骨柔軟，本應該骨架勻稱，不偏不倚，但是日常生活的某些習慣動作，很可能導致骨架偏斜或肌肉張力不均，最常見的就是坐姿不良。

比方說，女孩們很喜歡的「鴨子坐」。這種屁股和大腿緊貼地板，從膝蓋以下分向左右大開的坐姿，久坐習慣以後，會導致骨盆變形，或造成重心偏移到外側的O型腿。盤腿而坐則引起骨盆左右高低差。骨盆是上半身的基座，基座不正，立在上面的脊椎和頸椎也遭殃。

要分辨骨盆是否端正，最便捷的方法就是看跪坐時的膝蓋位置。兩膝位置如果一前一後，就表示骨盆已經傾斜。平日的行走坐臥都應講求姿勢端正，就坐時，雙腿對稱擺放，不可隨興而為。

各位可知每晚睡覺時，正是身體自我矯正骨架歪斜的調校時間？人在入睡當中，骨骼最放鬆，我們會在無意識間翻來覆去活動身體，便是身體藉此調校骨骼與肌肉張力。

小孩子睡覺時尤其愛翻身、小動作多，這都是在進行自我整復。所以睡覺時應穿著寬鬆易活動的睡衣，睡床也不宜太軟，避免阻礙翻身，好讓孩子們可以在睡夢中盡情翻個夠。

4 培養溝通&感性能力的健體伸展操

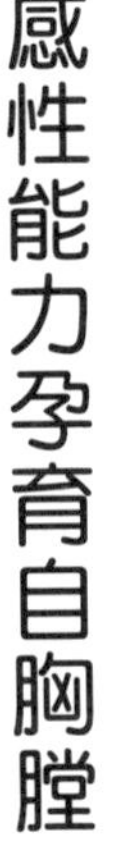

感性能力孕育自胸膛

因為不善自我表達，或是無法理解他人的心情感受，導致溝通不良而氣急敗壞，乃至動口甚至動手的孩子不在少數。

誤會僵持、關係惡化，有可能演變成霸凌的嚴重事態。為孩子的溝通能力憂心的家長，恐怕不下於擔心孩子健康問題的父母。

佛教說「身心如一」，肉體與心靈一體，無法分割，身體的扭曲也反映心靈的扭曲。從整復學說的觀點來看，溝通不良的孩子，胸膛多有緊繃或扭曲不正。悲傷會令人胸口發疼，開心帶來胸口發熱，「心頭小鹿亂撞」形容的也是胸口的反應。

人的胸口是感受自己與他人情緒的雷達，所以胸部的健康狀況會大幅影響感受能力。

胸膛緊繃扭曲，
不善與人友好且欠缺感性能力

胸膛緊繃僵硬的人欠缺體貼和感受力；胸膛扭曲歪斜，對人事物容易表現強烈好惡，人際關係當然經常碰壁。

懂得自我表達，也可以體貼他人心情感受的「與人友好能力」，就寓於我們的胸膛。胸膛柔軟，感性豐富，也懂得照顧他人感受。

藉由健體伸展操（整復伸展練習）矯正胸口的扭曲不正以後，心胸開闊，情緒不再受強烈好惡左右，不再頑固偏執，可以接納各色人等，與人為善，自能有效促進人際關係。

任何個性的人都可能遭遇人際關係

困擾，這時，與溝通能力同樣重要的，是自我消化情緒的「接納能力」。

當一個人懂得自我消化情緒，即使面臨人際關係困擾或遭受霸凌，也有足夠堅強的心理素質，可以挺過強大壓力。而自我消化情緒的接納能力，同樣來自胸膛。胸膛柔軟的人，會有自我接納的胸懷。

各位只要實際觸摸自己胸口的變化即可知，當我們無法接納自己時，胸口是緊繃的，一旦能夠自我接納，胸口當下變得鬆軟。

胸膛端正而柔軟的孩子，容易學習新的能力。比方說，透過整復伸展練習矯正胸膛的偏斜扭曲以後，孩子的感受力豐富起來，懂得欣賞動人的音樂與美麗的藝術繪畫，寫出優美的文章。

養足下丹田之氣，培養意志力

經不住朋友慫恿，百般不樂意也照做；自己決定好的事，總無法貫徹；經常患得患失，凡事裹足不前。孩子的這些德行，看在父母眼裏，真叫人又急又氣。分明只要踏出一步就能辦到，孩子卻困在自己優柔寡斷的情緒裏，無法發揮實力。

這樣的孩子其實都有共通點，就是「肚腹虛弱」。我說的「肚腹虛弱」，不是容意腹瀉等胃腸虛弱的生理問題，而是無法將本該匯聚在肚腹的氣（能量）凝聚起來。

氣功學說將人體的生命能量稱之為「氣」，最理想的狀態是「氣」充盈於肚臍下名為「下丹田」的位置。「丹」即是藥，「田」是草叢的意思，說明氣凝聚於肚臍下，猶如「生出丹藥的繁茂之地」。自古以來，武道就以「氣沉丹田」為修練的精要，想要發揮力量，不能不修練「氣沉丹田」之術。

養足下丹田之氣，練就強大意志力

保養 2

男孩 ➡ 常吃發酵食品、富含酵素食品，以保健腸道。

女孩 ➡ 常泡半身浴溫暖子宮

保養 1

常保肚腹柔軟

⬇

整復伸展練習

下丹田的氣飽足了，肚腹自然壯實，心性從容平和，也就是日文說的「落ち着き」，形容的正是「氣」有著落的沉穩安定。氣上浮於腦門，或是四處散漫，性情就會流於焦躁、容易慌亂。

日本人形容泰山崩於前仍面不改色的淡定自若，是「肚が据わっている」；說一個人痛下決心，是「肚が決まった」。沉著鎮定是肚子的事，遇事決斷也要肚子裁定，這是因為用頭腦決定的事容易受周圍影響而動搖，「用肚子做決定」則是深入內裏的認知，非萬不得已不會輕意更改。

透過兩種方法可以常保下丹田的氣飽滿。方法之一是柔軟肚腹，使勁收縮肚腹再放鬆，透過伸展肚腹，練就容易聚氣於下丹田的體質。方法之二是照顧位於下丹田的臟器，男孩子是腸道，女孩子是子宮。給予腸道和子宮良性刺激與保養，可調理下丹田。

常吃味噌、納豆等發酵食品，以及富含酵素的生鮮蔬果等，有助保健腸道。而不耐寒涼的子宮，要經常保持溫暖，透過泡半身浴溫通下半身，或是泡腳溫熱子宮連通的腳踝，都是很好的保養。

　向前跨出一步，抬頭向上，這是「懷抱夢想與希望」的體態，可掃除心中陰霾，激發正面能量泉湧而出。

2 一邊收腿，一邊收手臂，手臂同時向內側扭轉

①緩緩吐氣並收回跨出的一條腿，同時放下高舉的雙臂，手臂向內側扭轉，呈現大拇指在後、小拇指在前、手掌心面向外側的狀態，面部自然朝下。

②左右腿交替重複動作 1、2 共 8 回。

培養感性能力

擴胸運動柔軟胸腹

感受力寓於人體的胸膛，這一式盡情伸展胸口，用以柔軟胸膛，能加深呼吸，養成穩定沉著的性情。

1 向前跨出一步，擴胸、高舉雙臂向內側扭轉

① 雙腳打開與肩同寬，手自然下垂。一邊緩緩吸氣，一邊將單腳向前跨出一步。

② 同時伸展雙臂，手臂由前方往上方高舉，舉到最高點時，一邊向左右拉開，一邊向內側扭轉，呈現大拇指在後、小拇指在前、手掌心面向後方的狀態。

③ 挺起胸膛，臉稍微上抬。

臂，以此刺激胸部肌肉，亦可消除肩臂僵硬和眼睛疲勞。

2 雙手指尖朝外側，身體上下回彈

① 與動作 1 同樣的趴跪姿勢，雙手指尖朝外，手心貼地板。

② 比照動作 1，手肘反覆微屈再打直，胸膛有韻律的上下輕彈，保持自然呼吸 30 秒左右。

培養感性能力

保持胸膛柔軟彈性，令人心平氣和

藉由胸膛小幅度開闔，訓練局部靈活彈性。動作看似伏地挺身，但意念專注在肩胛骨的一開一闔，而非手

1 雙手指尖朝內相對，身體上下回彈

① 四肢趴跪著地，膝蓋向左右大開，腰下沉貼近地板。

② 雙臂大開過肩寬，雙手指尖朝內相對，手心貼地板。

③ 手肘反覆微屈再打直，胸膛有韻律的上下輕彈。

④ 意念放在左右肩胛骨的一開一闔，保持自然呼吸 30 秒左右。

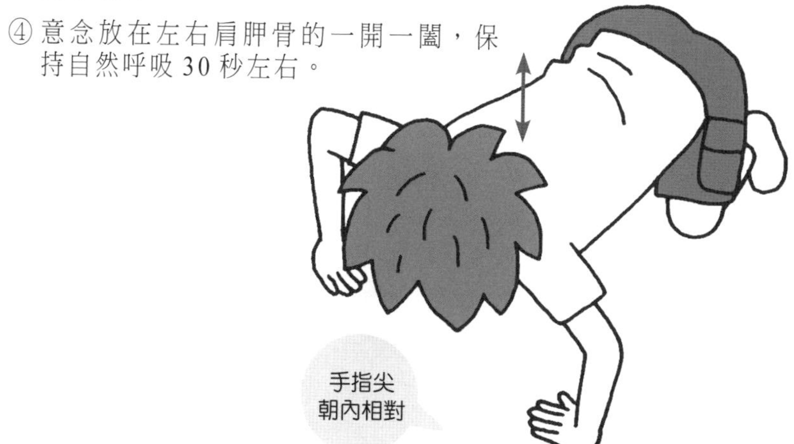

與活化胸膛周邊組織的功效。必須留意的是，孩子的肩關節尚未強固，不可使勁拉扯。晃動力道不可過猛，以免孩子的頭跟著左右擺動而眩暈。

2 左右手腕交互向內畫圓

① 拉著孩子的兩手腕，左右交互向內畫圓。

② 畫圓一側的肩膀應稍微抬高離地，以便肩胛骨轉動靈活。有韻律的轉動 30 秒左右。

培養感性能力

活動肩胛骨，胸膛柔軟有彈性

肩胛骨與胸膛乃互為表裏的關係，活動肩胛骨也能一併活化胸膛和周邊組織。大人有韻律的轉動孩子手臂，帶動孩子的上半身左右輕輕搖晃，即可達到放鬆肩胛骨

1 孩子仰躺，大人輕握孩子手腕

① 孩子仰躺，大人雙腳輕輕靠在孩子的左右腰際，雙手輕握孩子兩手腕。

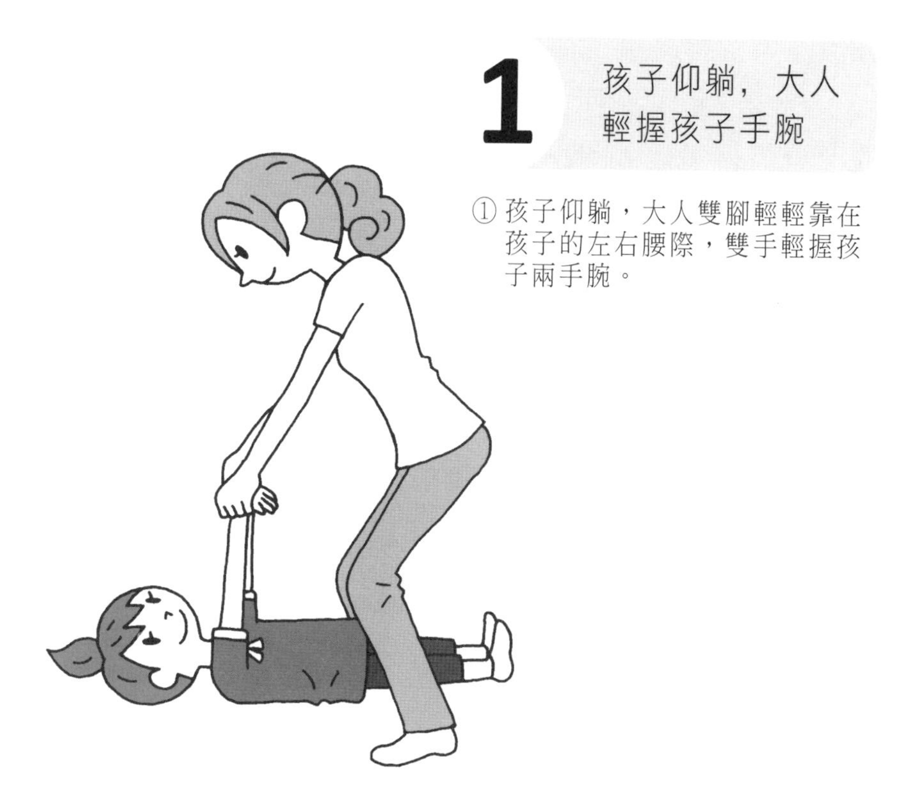

右推動，一寸寸解開緊繃。力道以輕晃孩子的身體左右擺動即可。

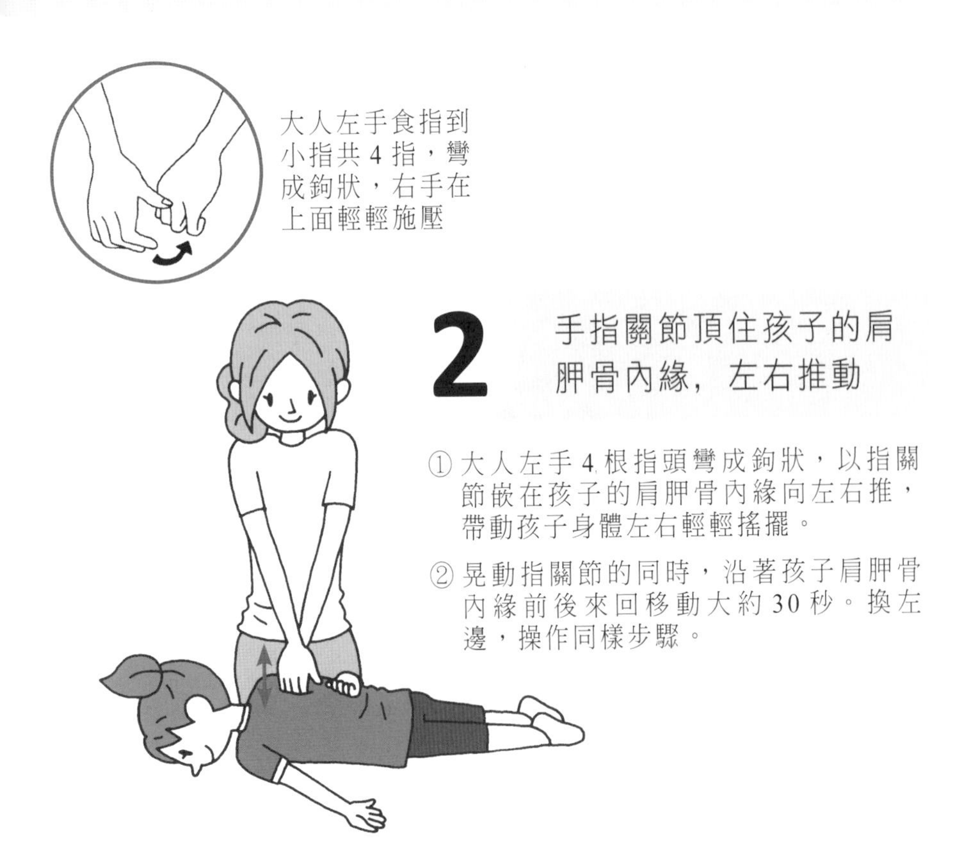

大人左手食指到小指共4指，彎成鉤狀，右手在上面輕輕施壓

2 手指關節頂住孩子的肩胛骨內緣，左右推動

① 大人左手4根指頭彎成鉤狀，以指關節嵌在孩子的肩胛骨內緣向左右推，帶動孩子身體左右輕輕搖擺。

② 晃動指關節的同時，沿著孩子肩胛骨內緣前後來回移動大約30秒。換左邊，操作同樣步驟。

培養感性能力

活動肩胛骨，鬆柔背脊和胸膛

肩胛骨活動卡卡，肩背也會連帶僵硬，與肩胛骨互為表裏關係的胸膛跟著緊繃。大人想像以自己的手從孩子的肋骨上剝開肩胛骨，手指關節頂住孩子肩胛骨內緣左

1 孩子趴臥，手臂反扣在背上

① 孩子趴臥，臉朝左側轉。大人坐在孩子右側。

② 孩子彎曲右手肘，手背反貼在背上，使右肩胛骨內緣浮出。

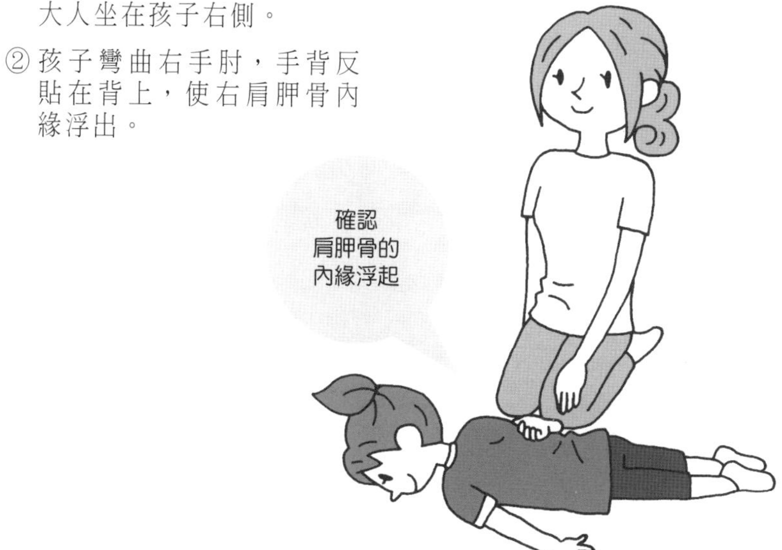

身體緊繃的孩子膝蓋或腰部也許無法貼著地板，一開始不必強求動作到位，大人可以在一旁幫忙輕輕按壓。

2 雙手高舉過頭向上伸展

① 雙手高舉過頭，手掌心面向外側，一邊吸氣，一邊盡可能伸長手臂，將手掌心向外頂出去。

② 膝蓋和腰部盡量貼地，吸飽氣以後，一邊吐氣，一邊回到動作 1 的姿勢。

③ 動作 1、2 反覆操作 10 回。

培養感性能力

伸展軀幹，增強肚腹彈性

我們的身體正面平日多半內縮，本式要將正面完全伸展開來，一併提拉下垂的胃腸或肋骨，消除鼓出的小肚腩。

1 採跪坐姿，順勢仰躺

① 採跪坐姿，上半身直接向後仰躺貼地。動作輕而緩，避免身體疼痛受傷。膝蓋或腰部無法貼地也 OK。

② 雙手十指交握，平放在下腹部。

練習動作 2 時，應把握上身垂直地面的要領，不要往前傾。

2 上半身向左扭轉

① 上半身向左扭轉，右手背抵在左膝蓋外側。

② 臉轉向左後方，左手扶在腰際，協助上半身向左扭轉。

③ 全身上下輕彈，充分伸展肚腹。

④ 輕彈 10 次以後，左右換腿，重複以上動作。

培養感性能力

扭轉軀幹，伸展肚腹

大幅度扭轉軀幹，藉以盡情伸展平日難得拉開的肚腹。鬆沉腰部有順氣下行的效果，令個性沉著穩重。

1 雙腿前後大跨步

① 雙腳併攏，左腳向前大步跨出，屈左膝，沉腰。

② 上身與地面保持垂直，右腿向後伸展，左膝輕觸地板。

勢可以開展髖關節，然後再接著練習下一頁的髖關節收闔動作。第 146 頁至 149 頁一開一闔的伸展練習，每次必定成組進行。

2 腳底互相貼合

① 孩子肚腹使勁，雙臂奮力向前甩，利用反作用力順勢支起上半身。動作 1、2 重複 5 ～ 10 回。

培養堅強
意志力

腹部使力，收縮肌肉①

本式為腹部使勁挺起上半身的收腹練習。請在完成第145頁的腹部伸展以後進行。先伸展，後收縮，猶如為匯聚的能量「加蓋」，保持住不流失。左右腳合掌的姿

1 左右腳掌貼合，面朝上仰躺

① 孩子坐地板上，左右腳底相貼合。

② 直接仰躺，雙手高舉過頭做「萬歲」手勢，大拇指包在手掌心輕握拳。

③ 大人雙手輕壓孩子的兩腳尖。

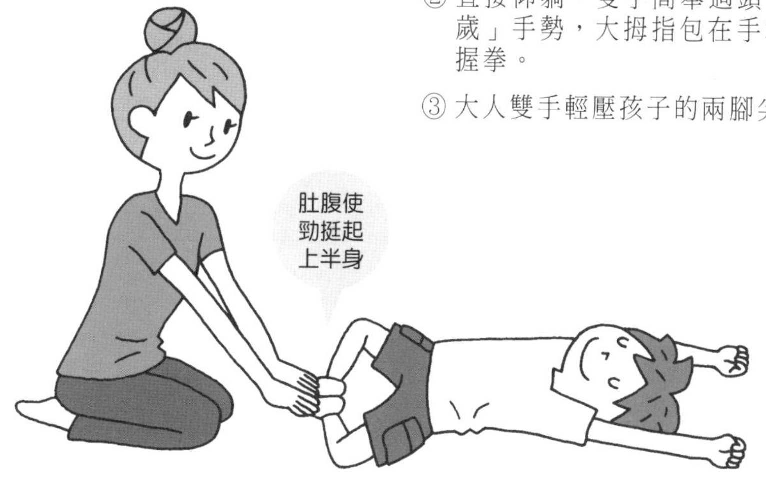

的身心健康，第 146 ～ 149 頁從兩方向調整骨盆，能使其常保柔軟彈性。

2 腳底互相貼合

④ 孩子肚腹使勁，雙臂奮力向前甩，利用反作用力順勢支起上半身。動作 1、2 重複 5 ～ 10 回。

培養堅強意志力

腹部使力，收縮肌肉②

與上一式同樣都在鍛鍊肚腹。採「鴨子坐」，在髖關節收闔的狀態下進行。骨盆的柔軟彈性影響著我們終生

1 採鴨子坐姿，上身仰躺

① 腳踝向左右大開，屁股貼地，採「鴨子坐」，上半身向後仰躺。

② 雙膝打開與腰同寬，雙手臂高舉過頭，做「萬歲」手勢。大拇指包在手掌心輕握拳。

③ 大人雙手輕壓孩子的兩膝蓋。

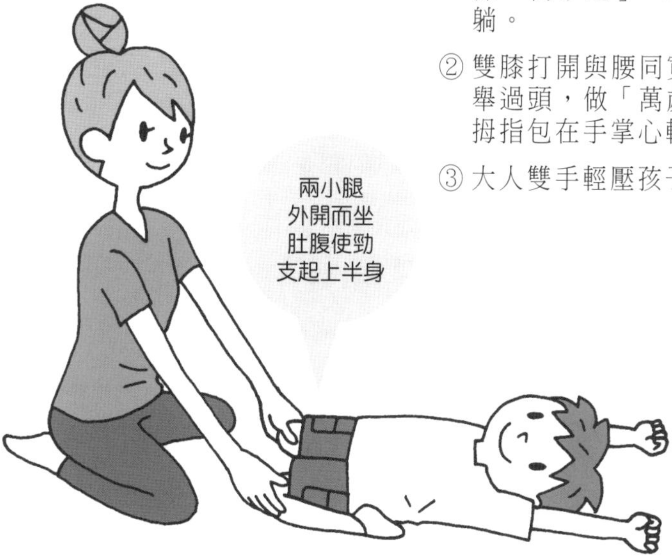

兩小腿
外開而坐
肚腹使勁
支起上半身

怒傷肝，悲傷肺，情緒與臟腑有著深刻連結

人在害羞發窘的時候會臉紅，緊張時呼吸變淺、手心冒汗，這是因為肉體時時刻刻感知情緒的變化，直覺做出相應的生理反射。除了肉眼可見的生理反射，還有同時發生在身體內裏的變化，因此作者都說「臟腑是情緒的鏡子」。臟腑反映情緒，情緒影響臟腑，彼此強力牽動。

中醫學說認為，憤怒傷肝，悲傷會傷肺，憂思傷脾胃，恐懼傷腎，情緒會深深刻劃在臟腑的記憶中，所以經常發怒的人肝不好，承受巨大壓力的人胃穿孔，負面情緒是削弱臟腑能量的主要原因之一。

反過來說，肝臟生病的人暴躁易怒，胃不好的人承受不住壓力。正因為身心如一，所以整復必須同時調理身心，透過修復肉體調理情緒，進而強化臟腑健康。

基於同樣原理，孩子哭泣時不宜強行阻止或打斷，應該讓他盡情哭個夠，因為哭泣本身就是身體消化情緒的自我整復。徹底發散悲傷的情緒，才不會積鬱而傷肺。想哭就哭個夠，哭累了就睡，第二天起床又是晴空萬里的好心情。

同理，怒氣攻心時，用力吐氣，或是放聲大吼，也是一種自我整復。只不過發洩情緒時不應打擾到他人，這是基本的教養和禮貌。

5

戰勝疾病、過敏、壓力，打造強健體魄

活化「腸道」與「胸腺」，提升免疫力

天下父母心，最大的心願就是「孩子平安健康長大」，但願孩子別動不動感冒，最好是永遠強壯不生病。

但如今威脅孩子健康的危險因素多如牛毛，像是每年都會來個幾輪的流行性感冒，以及患者年年有增無減的異位性皮膚炎、氣喘、花粉症等，父母簡直防不勝防。

想要孩子不生病、不過敏，提升免疫力是關鍵，而健體伸展操（整復伸展練習）對於提升孩子的免疫力大有助益。

大家對整復的認識，多半是為身體的偏斜扭曲正位，解除緊繃壓迫，其實它還有強化臟腑與神經發育、促進功能的作用，為我們強健體魄、戰勝疾病與過敏。

腸道與胸腺守護免疫力

提升免疫力的重點，在於活化「腸道」與「胸腺」，兩者都是免疫系統的臟器。腸道堪稱人體最大免疫器官，能攻擊入侵腸道的病原菌、排除過敏原。胸腺位於胸口的心臟上方，是專門製造免疫細胞的生產基地。

幼兒時期正是腸道與胸腺發育最旺盛時期，整復伸展練習可直接活化腸道與胸腺，促進兩者的發育，增強免疫功能。

倘若在「腸道」與「胸腺」的成長發育期，身體出現駝背等扭曲偏斜，壓迫到胸、腹部，將影響兩者的正常發育。矯正相關的骨骼不正與肌肉張力不均，也能同時提升免疫力。

泡半身浴讓身體暖進骨子裏，同樣可以強化免疫力。日本孩子的低體溫已經構成國民健康問題，體溫降低，免疫力也大幅滑落。

研究數據顯示，體溫與免疫力呈正比，體溫每上升一度，免疫力提升百分之三十。給平均體溫三十五度左右的孩子每天泡半身浴二十多分鐘，逐漸提升平均體溫，從此不再容易感冒。

攝取不污染腸道的食物，可改善過敏

作者教室裏的很多學員經常為過敏所苦，來向我討救兵。羅患異位性皮膚炎、氣喘、過敏性鼻炎等過敏疾病的孩子，確實有年年增多的傾向。

根據厚生勞動省發表的統計數據，日本患有過敏性疾病的孩子，五～九歲占二七・六%，十～十四歲占二五・八%（資料出自保健福祉動向調查「アレルギー様症狀」／平成十五年），幾乎是每四個孩子就有一人羅患過敏性疾病，比例之高十分驚人。

過敏性鼻炎、氣喘、皮膚炎只是表現形式不同，但是過敏的原因其實並無二致，原因就出在日本人的體質變差了。近代以來，為養育出體格高大的孩子，西方「營養學」大行其道，卻敗壞了孩子的體質。身材高大固然體面，但切莫忽略充實「身體內裏」。日本人的健康歷來根植於「衛養學」，更重視「養成身體對抗各種有害物的自我防衛能力。

身體的「體」，寫的正是「骨頭豐滿」，強調「身體內裏」的重要。想要養成足以戰勝過敏的「身體內裏」，就必須回歸「衛養學」本位，勤做整復伸展練習加上改善飲食內容，兩者缺一不可。

那麼，該如何吃才好呢？

簡單說，不污染腸道的飲食即可有助於提升免疫力。容易消化、不殘留污染腸道的「可燃殘渣」（譯註：即，未完全消化的食物殘渣，會在體內發酵產氣），是最理想的選擇。

傳統和食養育日本人數千年，其內容已經篩去了會引發身體過敏反應的「異物」，對日本人的體質而言，好消化又好吸收，自然也就鮮少殘留「可燃殘渣」。

和食的內容，以穀米（お米）、味噌湯（おみそ汁）、發酵漬物（お漬物）、豆類（お漬物）、青蔬（お野菜）、魚類（お魚）等為代表。基本上，只要是日文名稱開頭冠有「御」（お）字的食材，多半都符合健康要求。我們說麵包、義大利麵，就從不冠「御」字。至於點心（おやつ），也以仙貝（おせんぺい）、麻糬（おもち）等，名稱前冠以「御」字的傳統點心零食為佳。

食用不易消化的肉、蛋、牛奶等動物性蛋白質，容易在體內產生「可燃殘渣」，誘發過敏反應。這些牛、豬、雞的蛋白質不可能直接為人體所用，必須經過肝臟轉化，重組為人體的蛋白質。轉化重組過程中難免有失誤，對身體來說，失誤的產物就是「異物」，會刺激免疫系統開始運作起來，設法排除這些「異物」，排除過程中發生的種種反應，就是過敏症狀。過敏體質的人減少攝取動物性蛋白質，才是上上之策。

此外，攝取富含酵素的發酵食品，也有提升免疫力的功效。目前已知，酵素能活化腸道裏的免疫細胞，味噌湯、米糠醬菜、納豆、泡菜

等，都是有益健康的發酵食物。

至於以動物性蛋白質發酵而成的優格、起司等，作者並不推薦，當作是解饞的點心偶爾吃吃無妨，但是要慎防吃過量。

用整復學觀點處理感冒

父母都怕孩子感冒，不過感冒也不全然百害而無一利。作者常說「感冒是天然整復師」，身體藉由發燒為自己消毒、去除病菌病毒。發汗的同時也在排毒，所以人體在感冒發燒過後，內外都煥然一新。因此整復師在治療感冒時，對發燒抱持正面看法，而將重點放在促進身體自然解熱。

最理想的解熱退燒之道就是大量發汗，所以要為孩子保暖加溫。方法之一，是讓孩子睡在床褥上，膝蓋彎曲九十度，雙腳垂放在熱水桶中浸泡。水溫以稍熱的四十二度為佳，熱水應浸至腳踝上方三橫指幅的高度，浸泡五分鐘左右，讓腸道溫暖起來，免疫力隨之提升。

孩子的體力如果允許，建議泡個四十分鐘的長時間半身浴。擔心泡半身浴時上半身過冷，可以穿著運動服，或是披上大浴巾。大量發汗應預防身體脫水，尤其是酷熱的夏天，更應留意適度補充水分。

如果感冒還伴隨腹瀉、咳嗽、打噴嚏、流鼻水，整復學的觀點認為不應強行止住這些症狀。中醫把滯留體內不必要的水分稱為「水毒」，水毒是引發水腫、關節腫痛等病症的來由，感冒也是水毒的「傑作」之一。

身體會藉由腹瀉、咳嗽、流鼻水，將積存過多的水毒排出體外，而這些反應就是感冒的表現症狀。因為是身體的自我療癒反應，實在不該輕易用藥強行阻斷這些反應才是。

儘管如此，症狀若是嚴重且遷延不去，看著孩子受苦著實可憐，我們也有緩和症狀的手法，可以幫助孩子度過難關。熱毛巾就是很好用的工具，當發燒轉為低燒且遲遲不退，可以用蒸熱的毛巾溫敷後腦勺十分鐘左右，促進身體發一身汗。

如果咳得很難過，就溫敷鎖骨。鎖骨是呼吸系統的相關部位，先敷右側五分鐘，再敷左側五分鐘，舒緩胸口緊繃，呼吸也會變輕鬆。鼻子不通時，可以用熱毛巾敷手肘。手肘與鼻子相連通，右側鼻塞時溫敷右手肘，左側鼻塞時溫敷左手肘，可以緩和打噴嚏、流鼻水的鼻塞症狀。

敷熱毛巾的方法如下：洗臉毛巾泡在四十四～四十五度熱水後，撈起擰乾，摺疊至熱敷部位大小，敷在適當部位。有一定厚度的熱毛巾比較容易保溫，所以將毛巾疊小一點，能夠熱敷更久。熱毛巾冷了以後，重新浸泡熱水再擰乾、折疊、熱敷，如此反覆多次。重複「溫熱、慢慢冷卻、再溫熱」的溫度變化，熱度可以深入身體內部。

使用微波爐加熱毛巾，會有受熱不均的問題，因此筆者不推薦。長時間維持固定溫度的暖暖包，在此也不適用。

伸展的同時，
活化司掌免疫力的「腎」！

中醫學所認知的「腎」，不僅限於腎臟，而是指生命力的動能，活化「腎」就是促進成長、提升免疫力。腎的活力減退，即為「腎虛」，簡單說，就是「虛弱體質」。大幅度扭轉軀幹的伸展動作，可以同時刺激位於腰部上方、脊椎兩側的穴位「腎俞」，達到活化「腎氣」的作用。這一伸展式，在直接刺激腸道與胸腺同時，也間接促進腎氣功能，可望提升免疫力，並且幫助孩子成長茁壯。

2 膝蓋側倒，輕晃貼地

① 孩子一面呼氣，一面將膝蓋向左側傾倒。

② 兩膝蓋向左傾倒貼地，大人輕踩孩子的右手腕，協助其固定手臂位置，不讓肩膀離開地板。

③ 孩子傾倒的膝蓋上下輕彈 10 次左右。

④ 大人輕踩孩子的左手腕，孩子的膝蓋改向右傾倒貼地，上下輕彈 10 次左右。

提升
免疫力

刺激腸道與扭轉軀幹，活化免疫力

大幅度扭轉軀幹，可伸展腸道和胸腺，刺激其活性。扭轉時若兩膝蓋未併攏，效果會減半，因此事先用毛巾或不要的領帶把兩膝蓋綁牢。大人輕踩孩子的手，以固定孩子的肩膀不要離地，但應留意力道，「腳」下留情。

1 仰躺，豎起膝蓋

① 孩子仰躺，用手帕等將左右膝蓋綁牢，加以固定。

② 孩子雙手臂展開，手掌心朝上。大人輕踩孩子的手腕，以孩子不覺疼痛的力道固定其手臂位置。

造成孩子的腰部過度負擔。

操作本式的要領，在於孩子的心窩稍微離地，即可達到伸展目的，切勿拉高角度。

2 抬起孩子的手肘

① 孩子一邊吐氣，一邊由大人拉起兩手肘，直到雙肩和心口離地的高度即可。

② 孩子全身放鬆，頭自然下垂，維持30秒鐘後，大人緩緩放下孩子的兩手肘。

③ 重複動作1、2約2～3回。

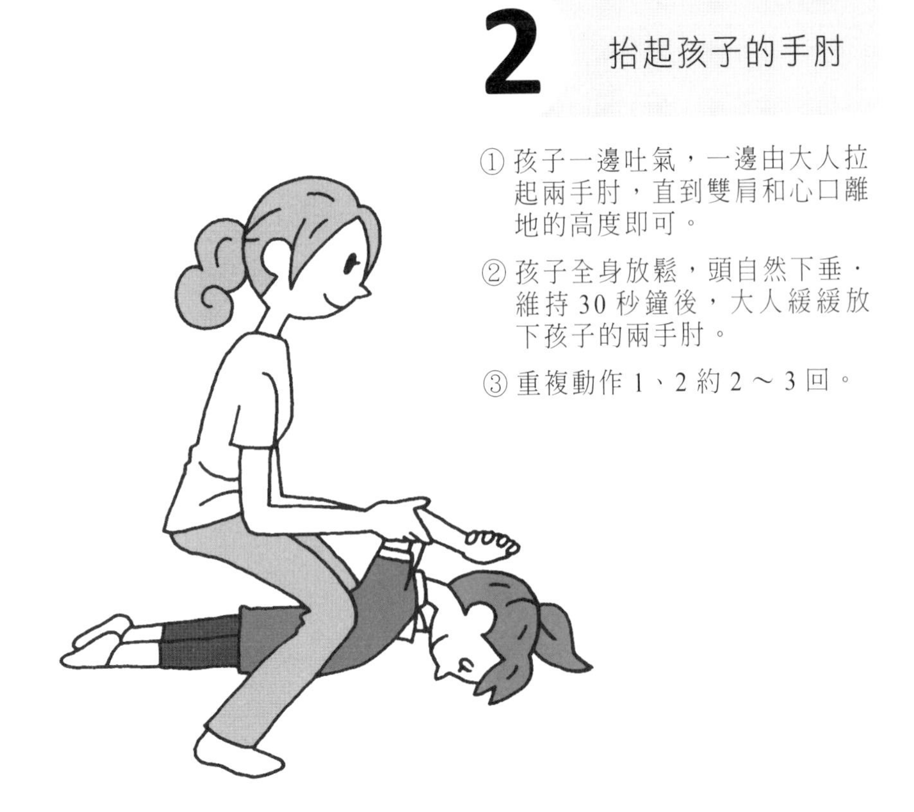

提升
免疫力

擴胸運動，強化免疫力

藉由擴胸刺激胸腺，活化其作用並健全發育。肩胛骨與胸膛互為表裏，大動作擴胸的同時，也連帶運動肩胛骨，可以全面消除背部緊繃僵硬。孩子的身子骨柔軟，大人可以輕易提起他們的膝蓋，但是抬高角度太大，會

1 將趴臥的孩子兩手肘抬高

① 孩子趴臥，十指交握反手抱頭，額頭抵在地板上。

② 大人跨在孩子身上，雙手扶住孩子的手肘。

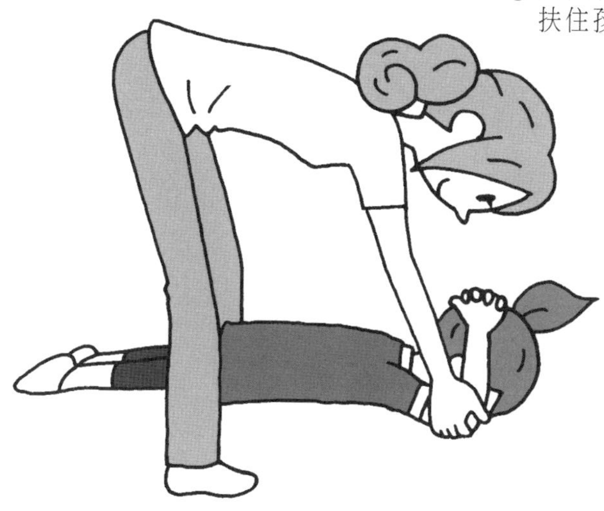

消除壓力的心包經伸展練習

人在緊張時手心冒汗，憤怒時握緊拳頭，開心時不自覺大聲鼓掌，我們的雙手簡直就是映照心情的一面鏡子。強顏歡笑的內心壓力，全在不經意間被雙手洩了底。

整復學說特別將手臂內側視為「心的收信器」。由胸口到腋下，經過手臂內側、手掌心至中指的這一條連結線上，稱為「心包經」，沿線布滿了連通到心臟的穴位。

「心包經」對壓力十分敏感，當身心暴露在壓力下，「心包經」就會緊繃。「心包經」過胸口，連結四通八達，有的孩子感受到壓力時呼吸變淺、氣喘，表現出呼吸系統疾病。如有這些壓力症狀，可以參照下頁的心包經伸展練習，放鬆緊張情緒，緩和症狀。

動動手的遊戲對於消除壓力也有功效。手指連心，動動手可以活化腦部，緩和大腦與情緒緊繃。孩子情緒焦躁、無事亂發脾氣，是累積過多壓力的徵兆。和他們玩翻花繩、手指相撲（譯註：又稱拇指比賽），或是邊唱童謠邊拍手遊戲，都是有效的紓壓管道。

疼痛者，先練習動作 1 即可。

2 腰向後推，伸展手臂內側

① 一面吐氣，一面緩緩把腰向後推，充分伸展手臂內側。自然呼吸 30 秒，小幅度左右擺動軀幹。

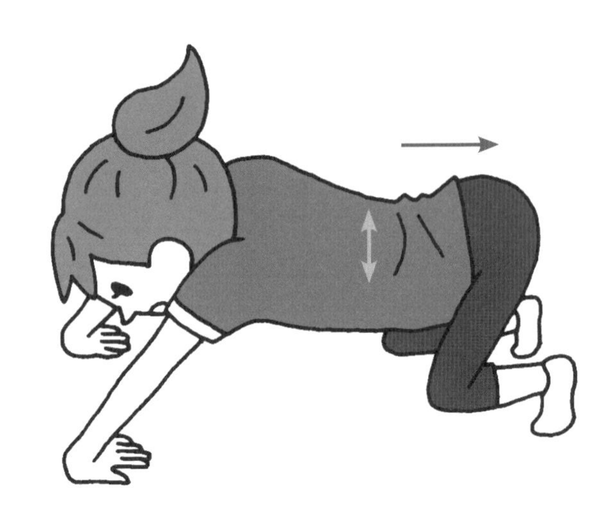

消除壓力

伸展手臂內側，緩解緊張情緒

手臂內側是「心的收信器」，也是「心包經」所過之處。手臂內側過於緊繃的人，伸展時會感到疼痛，不耐

1 四肢著地趴跪，手指尖朝後

① 四肢著地趴跪，手指尖朝後，兩膝蓋打開與腰同寬。

立即緩解肚子痛的伸展練習

最常見的小兒健康狀況就是肚子痛。孩童肚子痛，十之八九都是肚腹受寒，身體動用腹瀉、嘔吐等手段來排除寒氣。本書第一六〇頁的感冒處置手法也提到，腹瀉是為了排除多餘水分，防止身體繼續受寒的自我治療反應，嘔吐也是同樣道理，因此不該以藥物強行止瀉、止吐。

為了助身體自我治療一臂之力，溫熱肚腹是此時最佳的處理手法。泡熱水足浴，或是以熱毛巾溫敷肚子都有效果。為了避免腹瀉引發脫水，應適度補充水分。筆者建議給予不加料的味噌湯。味噌能溫暖胃腸，又可補充吐瀉流失的鹽分，可說是一舉兩得。

傳統的整復手法是以上半身大幅度向左扭轉，來緩解肚子痛。我們認為身體骨架偏斜，導致左腿長過右腿長的人，比較容易腹痛。這是因為骨架偏斜，會壓迫到連結消化系統與泌尿系統的神經，引發疼痛，所以矯正偏斜就能緩解神經壓迫的疼痛。

第一七五頁的伸展練習，不僅可以促進腹部血液循環，立即緩解腹痛，還可以矯正容易引發腹痛的骨架歪斜，從根本改善腹痛體質。除了一般常見的腹痛，對緩解生理痛與胃痛等腹部的所有疼痛都有效。

的舊領帶固定兩膝位置。注意，扭轉過猛將導致腰痛，因此只要緩緩扭轉上半身即可。

2 上半身向左後方扭轉

① 孩子的上半身向左後方大幅度扭轉，雙手掌抵住左後方地板。

② 一邊吐氣，一邊彎曲手肘，壓低上半身貼近地板。注意兩膝蓋仍併攏不分開。

③ 大人雙手輕壓孩子後背，協助其上半身貼近地板，一邊輕壓一邊彈動約 30 秒。

緩解腹痛

軀幹向左扭轉，矯正骨骼偏斜不正

本式在矯正容易招致腹痛的骨架偏斜，也一併解決因骨架偏斜造成的左右腿不等長。操作中要留意兩膝蓋併攏不可分開，否則無法發揮矯正效果。可用毛巾或不要

1 採跪坐姿，左腳向外偏出

① 孩子採取跪坐姿，左膝蓋向後退 10 公分左右，刻意讓左腳向外側偏出，以便左側屁股貼坐地板上。

② 左右膝蓋併攏不可分開。

這樣子說話，孩子更願意聽進去

日本國民動畫《海螺小姐》*的劇情裏，經常可見一家之主波平老爸與兒子鰹兩兩相對，正襟危坐，兒子聆聽父親糾正自己的不是。作者身為整復師，看到這畫面特別有感，因為如此的訓示場面效果特別好。

首先，比起坐椅子，跪坐（譯按：即日本的正座）降低身體重心，姿勢更穩定，可以增進大腦理解力，所以容易把話聽進去。我們常形容互說心裏話是「促膝而談」，描述的正是彼此膝蓋挨著膝蓋而坐，互訴心聲。

跪坐時，頸部與脊椎向上挺直，信息可以有效傳達至腦部，增強對話語的理解力，記憶也更加深刻，這一點在第二章已經說明。

此外，父子相對而坐，也是溝通的重點。面對面四目相接，就不得不專心聆聽對方說話，同樣的，也必須認真向對方說話。這個說話的「姿態」，有助於彼此專注不分心。

大人想要糾正孩子的不是，動手責打無助於說服孩子反省。身體的記憶比言語的記憶更深刻，隨著時間過去，挨打的疼痛記憶猶在，為何被打的原因卻早已不復記憶。親子面面相覷、正襟危坐的「波平風格」，最能把話說進孩子的心坎裏，有效說服孩子反省。

---

* 日本女性漫畫家長谷川町子於 1946 年發表的四格漫畫，至今已多次改編成動畫、真人戲劇、舞台劇等衍生作品。故事內容圍繞磯野一家 7 口的生活，反映庶民萬象。磯野家的孩子都以海產命名，包括主角海螺、妹妹若芽（日文的海帶芽）、弟弟鰹。

6

健體伸展操也能夠消除惱人惡習&個性

諮詢個案 1

早上賴床不起，爸媽傷透腦筋

小學四年級的大兒子早上總是起不來，鬧鐘才叫醒，他一倒頭又睡著了。好不容易起床，精神也是恍恍惚惚，早餐不肯認真吃，總要在最後一刻才奔出家門，遲到、忘東忘西成了家常便飯。

請問有辦法改善嗎？

調理骨盆開闔節奏，晚上好睡，白天好醒

早上起不來的孩子，晚上多半也睡不好。好睡與好醒成正比，往往先是晚上睡不好，所以白天起不來。反過來說，只要晚上好入眠，夜間睡得香甜，早上睜開眼便感到精力充沛，說起床就起床。即使睡眠時間一樣長，睡眠品質仍有天

壞之別。

那麼，孩子為何睡不好、起不來呢？說來意外，這和骨盆的開闔竟大有關係。骨盆在一天當中有一定的開闔節奏，這一開闔節奏關係到身體的入睡與清醒。

骨盆每到傍晚會緩緩鬆開，令人產生睡意，半夜熟睡時開到最大，而在迎接清晨之際，骨盆徐徐收闔，收到最緊時，人就從睡夢中醒來。這便是骨盆開闔與睡眠的節奏。骨盆張開，身體進入休息模式，骨盆收闔，身體進入活動模式，乃人體正常的生理節律。

骨盆的開闔週期一旦混亂，睡眠也會出現障礙。晚上睡不好、早上起不來的孩子，入夜後骨盆不放鬆，所以睡意遲遲不來，早上骨盆又不收闔，所以難清醒，由此陷入惡性循環。

骨盆之所以失去應有的開闔節奏，恐怕是因為偏斜或僵硬緊繃，無法順利活動。我們可以透過健體伸展操（整復伸展練習），舒緩緊繃，恢復骨盆的柔軟彈性。

此外，睡前浸泡半身浴能放鬆下半身，協助骨盆正位，有和緩的整復效果。但此時的水溫不可太高，以感覺身心舒適即可。水溫如果太高，泡到腦門發昏，渾身冒汗，反而刺激神經興奮、骨盆收縮，那就適得其反了。

早晨做一做拉伸體側的骨盆收縮操，可以啟動身體的「覺醒開關」，趁孩子早上剛離開被窩，就一起來個親子整復伸展練習，讓孩子精神抖擻地迎接嶄新的一天吧！

好心情起床操伸展體側，收闔骨盆，將身體切換到覺醒模式

這是用來伸展體側，將身體切換到「覺醒模式」的伸展練習。肋骨上提能加深呼吸，攝入大量氧氣，令人神清氣爽。伸展體側還可以收闔骨盆，提振精神。將它當作早上醒來的起床操，整個上午的學習效率絕對叫人刮目相看。

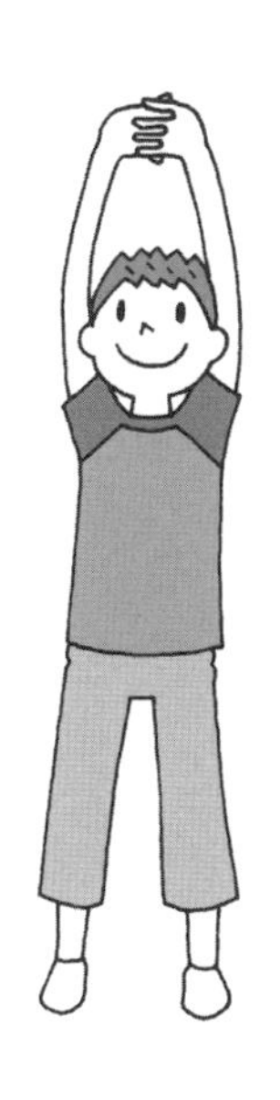

1 十指交握，手臂打直，高舉過頭頂

① 雙腳打開與肩同寬，兩手十指交握，手掌心向上，高舉過頭頂。

2 上半身橫倒，伸展體側

① 左腿承載全身重量，一面吐氣，一面將上半身往右側橫倒，直到無法再拉伸為止，全身彎成 C 字形。

② 一面彈拉上半身，一面吐氣。待換氣時，回到動作 1。

③ 換邊，重複以上動作。

④ 反覆操作動作 1、2，直到大腦完全清醒為止。

2 單側膝蓋倒向外側

① 雙腿併攏屈膝，膝蓋直立。雙手自然打開，手掌心貼地，維持姿勢穩定。

② 一側膝蓋倒向外側，貼地。

抬腰挺向天花板，上下輕彈

③ 一面吐氣，一面以貼地的膝蓋和雙手掌心為使力的支點，緩緩抬起腰部。

④ 腰部抬到不能再抬的最高點時，保持自然呼吸，上下輕彈身體 10 回。

⑤ 左右換邊，重複以上動作。

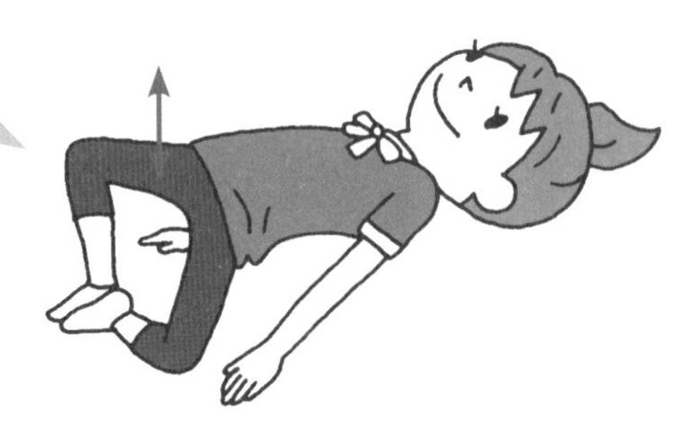

調整睡眠節奏骨盆開闔順利，好睡又好醒

藉由骨盆反覆一鬆一緊的伸展練習，矯正歪斜，放鬆緊繃，使骨盆柔軟有彈性，開闔動作平順。

動作 1、2 舒展骨盆，動作 3、4 收縮骨盆。依序完成動作 1 ～ 4，能使骨盆開闔變得順暢。

1 仰躺，雙手握住腳踝

① 仰躺，雙腳打開與肩同寬，屈膝直立。

② 腳後跟貼近屁股，雙腳底緊貼地板。左右手分別握住雙腳踝。左右膝蓋交互向內側貼地

③ 一側膝蓋緩緩倒向內側，碰觸地板以後再立起。

④ 另一側膝蓋重複以上動作，左右交互各做 10 次。

諮詢個案2

小學低年級的孩子卻視力惡化

女兒才小學二年級，學校健康檢查卻發現兩眼都罹患近視。在這之前，她無論是看書或是上課看黑板都沒有問題，所以我完全不疑有他。

真擔心女兒視力如果繼續壞下去該怎麼辦，是否有好的預防方法呢？

活動肩胛骨，恢復好眼力

作者認為，小學生的近視幾乎都只是暫時性的假性近視。眼睛視物必須依賴眼球肌肉調節鬆緊，才能夠對焦。眼球肌肉過緊，一時間無法正確對焦，就成為假性近視。只要放鬆眼球肌肉的過度緊繃，視線即可變得清晰。

整復學說主張，手臂與肩胛骨都和眼睛相連通，活動這兩個部位，可以舒緩眼球肌肉緊繃。

此外，中醫學說強調，眼睛要看東西，不能沒有「血」的灌注。果真如此，那麼血流順暢也有助視力清明。常做頸部伸展練習（參照第八十一～八十七頁）、以熱毛巾溫敷眼睛四周，通暢血液循環，都有助於恢復好眼力。

恢復好眼力靈活肩胛骨，視線好清晰

這是一款從肩胛骨到指尖做充分扭轉的伸展練習。專注想像手臂自肩胛骨長出，轉動手臂的同時，肩胛骨也跟著活動。

本式可同時消除肩背僵硬，所以是相當舒適的伸展操。

1 從肩胛骨、手臂到手指都確實扭轉

注意保持手臂
和肩膀在同一
個平面上

① 雙腿打開站穩腳步，左臂向斜上方高舉，右手向斜下方伸展。

② 一面吐氣，一面扭轉左手臂，使左手掌心向後，左手小拇指由前往後轉圈。

③ 在此同時，扭轉右手臂，使右手掌心向右，右手大拇指由前往後轉圈。一面吸氣，一面互換左右手臂位置，以同樣的要領一面吐氣，一面扭轉手臂。合計反覆 10 回。

④ 坐在椅子上一樣可以練習，注意手臂應與肩膀保持同一平面，不應比肩膀超前或後退。

諮詢個案3

如何消除惱人的小兒肥胖？

兒子從小體型圓潤，雖然胃口好、食量大，但是因為喜愛運動，所以我一直不以為意，沒想到上了小學五年級以後，還是被小兒科醫師宣判「太胖了」！

請問整復伸展練習有沒有協助減肥的好方法？

透過緊實全身的姿勢，塑造健康曲線！

肥胖的原因之一，就是攝取的熱量多過消耗的熱量，所以想減肥首先要管住嘴巴，不能放任孩子吃喝。在不造成孩子精神壓力的前提下，適度限制並慎選飲食。

肥胖的孩子全身骨骼鬆散不結實，所以脂肪容易上身，長大以後也比較會受傷或生病。

為了避免可預見的風險，建議從事可以結實骨骼的伸展操。下頁介紹的「擦地板操」，正好用來鍛鍊「伸肌*」。伸肌有力，能夠為我們保持緊實線條，最適合雕塑體型。

*伸肌（extensor）是全身可以幫助關節伸展的肌肉，相對於伸肌，還有用來幫助關節彎曲的屈肌。

消除肥胖緊實身型的伸肌鍛鍊

本式可有效鍛鍊全身的伸肌，達到雕塑線條的功效。伸肌是維持全身骨骼就正確位置、塑造優美體態的肌肉。

鍛鍊伸肌能夠緊實全身骨架，養成脂肪不易上身的體質。

1 充分伸展四肢，構成人體三角

① 雙手著地，打開約肩膀的 1.5 倍寬，兩膝蓋併攏。

② 一面吐氣，一面打直手肘與膝蓋，腰部向上抬高。

③ 背微拱，收下巴，想像全身肌肉像拉直的繩子一般盡情伸展，構成人體三角。

④ 腳後跟盡量貼地，維持自然呼吸 10 秒鐘。

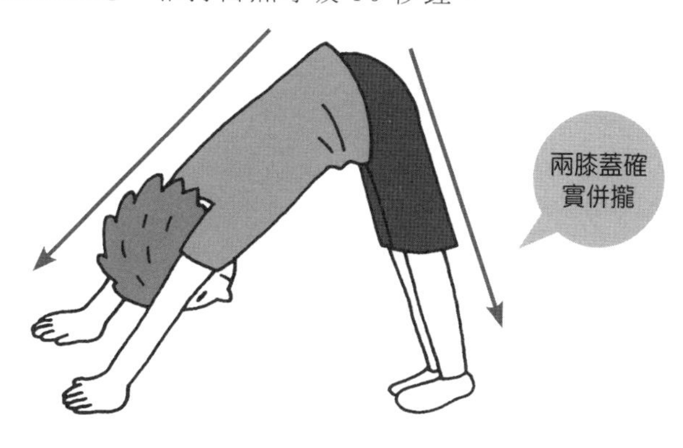

諮詢個案

孩子總是愁眉不展，成天擔心受怕

小學三年級的女兒操心成性，前一天晚上才檢查過書包，第二天早上出門後又折返回家，說是「還要再確認一次」。我只要晚一點回家，她就哭喪著臉，好像天要塌下來。

這種個性能改善嗎？

解決法肚腹強健就能夠消除不安

俗話說「好漢不敵三泡稀」，再強壯的人也經不起頻頻拉稀（拉肚子）。淡定沉著的氣度來自壯實的肚腹（胃腸）。很遺憾的，個案裏的小女童就是肚腹虛弱的典型。肚腹虛弱的人常有強烈不安全感，容易杞人憂天。

用不著擔心，只要鍛鍊肚腹，使氣凝聚下丹田，即可望養成強大的精神力。愁眉不展的孩子腰腿多半無力，強化連結腰腿的腎臟，也有壯實膽量的功效。

養腎的第一步就是暖腎，用溫熱的手搓揉腰腎，可以安撫莫名的不安情緒，令人沉著穩定。

2 大人以溫熱的手掌為孩子溫敷腎臟

① 孩子趴臥，大人摩擦雙手掌溫熱後，熨貼在孩子的腰部上方、脊椎兩旁腎臟處。

② 輕輕揉搓加熱，直至孩子感到溫暖舒適為止。

改善愛操心個性緊實腸道肌肉 & 照顧腎氣，有助養成平常心

壯實肚腹的伸展練習可以養成勇敢的個性，對腎臟施以手療也能夠強化腰腿。

動作 1 將能量凝聚下丹田，養成從容安定的氣質；動作 2 用溫熱的雙手溫暖腎臟，有安撫情緒、緩和不安的功效。

1 雙手抱住單腿膝蓋，身體前後搖晃

① 仰躺，單腿屈膝，雙手抱住膝蓋，收緊下巴，撐起頭部和肩膀。

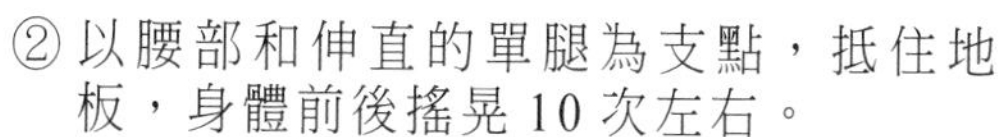

② 以腰部和伸直的單腿為支點，抵住地板，身體前後搖晃 10 次左右。

③ 左右換腿，重複以上動作。

諮詢個案5

兒子個性極度膽小消極，不知該對他如何是好

小學三年級的兒子，無論去動物園還是遊樂園，總是連聲喊「好可怕！」。看到海邊的浪花，也嚇得不敢下水玩；學校露營生火煮飯，他說怕火，怎樣也不肯幫忙；又說怕鬼，晚上不能一個人上廁所。

這麼膽小的個性有救嗎？

解決法強化腰腿與腎臟，能治膽小畏縮

當我們極度害怕時，腿腳會癱軟無力，也就是人們常說的「嚇到腿軟」。強烈的恐懼情緒會造成腿腳虛弱，反過來說，腿腳無力的人容易驚惶害怕。想要矯正畏縮膽小的個性，強

化腰腿力量是有效手段。

筆者建議直接鍛鍊腿力，或是刺激與腿力連動的腎臟。腿腳與腎臟相互影響，關連緊密，若說「腿腳來自腎臟」一點也不為過。

鍛鍊腰腿可以養腎，而保養腎臟也能夠強化腿腳力量。此外，半身浴又別名「溫腎浴」，泡半身浴也是在養腎。請務必養成泡半身浴的習慣，經常溫暖全家人的腎。

2 屁股輪流向左後方、右後方頂出去

① 一邊吐氣，一邊將屁股向右後方頂出去，同時扭轉上半身，越過肩頭看著右後方頂出去的屁股。

② 吸氣，回到姿勢 1，一邊吐氣，一邊將屁股從左後方頂出去。

③ 有韻律的交互重複動作 1、2，共計 20 回。

改善膽小強化腎臟與腰腿，壯大孩子的膽量

藉助整復伸展練習刺激位於腰部上方、脊椎兩旁的腎臟，又能同時強化腰腿，達到雙倍壯大膽量的功效。配合呼吸有韻律的反覆練習，克服怯懦膽小的個性。

1 兩手掌貼膝蓋，採半蹲姿勢

① 雙腳打開與肩同寬，屈膝採半蹲姿，兩手掌心貼在膝蓋上。

諮詢個案

如何改掉喜歡大呼小叫的火爆脾氣？

上幼兒園的六歲兒子脾氣火爆，只要稍不順己意立刻暴跳如雷，聲嘶力竭地大哭大叫。和同伴們遊戲也老是頤指氣使，對方不聽命令，他就又抓又踢。真希望可以趕在兒子上小學之前糾正他的壞脾氣。

解決法放掉緊繃，消解怒氣

性子急的孩子多半習慣聳肩。他們會下意識的抬高肩膀，鎖住力量而不自覺，造成上半身僵直。身體的理想狀態應該是「氣沉丹田」。

但是，習慣性聳肩讓本該凝聚在肚臍下的能量浮越到上半身，堵在胸口，造成「胸中有氣」的發怒狀態。這時只要一點風吹草動，就會引爆「彈藥庫」。

要糾正孩子的壞脾氣，釜底抽薪的辦法是在他們大爆發之前，洩掉堵住的氣。透過伸展肢體，放掉鎖死肩膀的力量，可以洩除怒氣，並且引氣下行，人自然心平氣和。

2 孩子瞬間放掉全身力量

① 大人發出口令，孩子吐氣，瞬間放掉全身力量。

② 重複動作 1、2，合計 5 ～ 10 回。

改善性急暴燥放鬆肩膀，引氣自然沉降

本式的伸展動作可以放掉鎖死肩膀的力量，疏通上半身，引導堵塞於胸口的氣下行，一併抽離怒氣，冷卻發熱發脹的腦門。

1 孩子的肩膀與大人的手勁相抗衡

① 孩子採跪坐姿，大拇指包在手掌心握拳，雙臂自然下垂。

② 大人在孩子身後，兩手搭在孩子肩膀上。

③ 孩子一面吸氣，一面把肩膀聳到最高，大人則雙手使力將肩膀向下壓。

④ 維持姿勢屏住呼吸 3 ～ 5 秒。

諮詢個案 7

兒子總是坐立不安、無法專注

就讀小學二年級的兒子總是坐立不安，就連吃飯也不能好好坐定，才扒兩口就分心玩別的事，出門立刻走失，也不能專心聽別人說話。學校老師都說他太好動，讓我們好擔心。

解決法氣沉下丹田，情緒自然穩定

男孩子天生精力充沛，傾向活潑好動，藉此發散多餘的精力。這原本不是壞事，就怕應該安靜下來的場合也無法自控，傷透大人腦筋。

成天躁動不休，猶如不斷電馬達的過動兒，其實是氣衝腦門，或是氣過於散亂不能收聚，所以情緒無法安定。

作者建議多多鍛鍊腰腿，使氣沉下丹田。鬆腰坐胯的姿勢能引氣下行，讓人變得沉穩，就有餘力安靜下來好好聽人說話了。

2 沉腰蹲低，腋下貼緊

① 一邊吸氣，一邊屈膝下蹲，保持身體中正直立。注意屁股不要向後頂出去。

② 夾緊腋下，手臂貼於體側。

一邊吐氣，一邊回到動作 1。重複操作動作 1、2，共計 10 回。

培養定力鍛鍊腰腿，氣沉丹田

沉腰蹲低的姿勢可以鍛鍊腰腿，使氣充盈於下丹田，達到冷靜頭腦、安定情緒、沉穩心性的效果。

此外，順滑髖關節、活動肩胛骨，更有提升運動能力的效果。

1 雙手雙腳敞開

① 雙腳打開比腰部稍寬。敞開雙臂向上高舉，手掌心相對。

諮詢個案 8

女兒總是半途而廢沒恆心

小學四年級的女兒自己要求學鋼琴、珠算、舞蹈等才藝，結果總是半途而廢，三兩下就不玩了。

這孩子只要稍微遇到困難就失去耐性，真擔心她這種虎頭蛇尾的個性將來會一事無成。

解決法反覆操練同一件事，養成堅忍耐力

百折不撓的堅忍耐力來自持續反覆操練同一件事，典型範例就是練習空手道、劍道等武術。武術的學習過程，即是不斷熟練前人千錘百鍊的功法，在每天的反覆操練中，養成自我信任的能力——我今天堅持做到了，明天也絕對可以達成

目標！

缺乏毅力與恆心的孩子，需要的不是展開新目標，而是每天堅持做同一件事，第二一一頁介紹的伸展練習正符合這一需求。

它展現的是氣功的精髓，在上半身反覆的浮起、潛降、再浮起的過程中，自然養成「無論潛降多少次，我還是可以自己重新站起來」的自信心。

2 緩緩彎身蹲低

① 一面吐氣，一面向下看，身體緩緩蹲低，把頭埋進兩腿之間。兩手扶在膝蓋上。緩緩起身

3 緩緩起身

① 一面吸氣，一面緩緩抬起下巴，感受脊椎由上至下一節一節挺起的感覺。

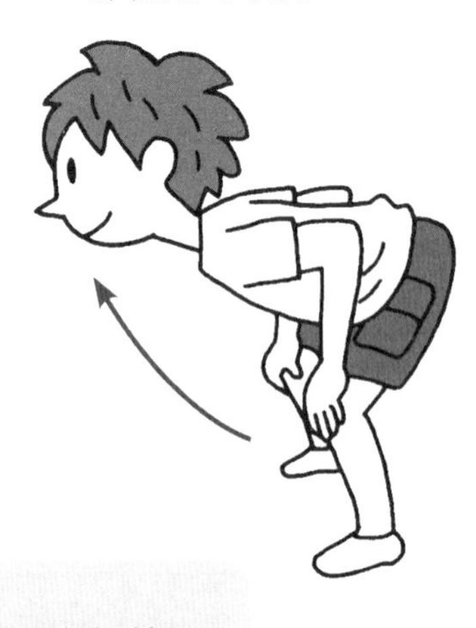

4 回到姿勢 1

① 吸足一口氣，同時回到姿勢 1。

② 重複動作 1 ～ 4，共計 10 回。

培養忍耐力反覆操作「自我信賴功法」，鍛鍊心性

這是一款上半身反覆操做浮起、潛降動作的伸展練習，也是養成自我信賴能力的氣功功法。

操作本式的要領在於背脊波浪起伏的柔軟度，平日鮮少活動的背脊，此時必須大幅度動起來，剛開始不免僵硬。沒關係，多多練習自然就靈活了。

1 放鬆肩頸，雙腿打開站立

① 放鬆肩頸，雙腿打開比腰部稍寬。

塑造男子漢體格的「縱向伸展操」

小學低年級男女學童的體型和心性並沒有太大的性別差異，這時的孩子多數給人中性的印象。但是升上高年級、進入國中以後，性別差異開始凸顯出來。選擇符合男女性各別成長特性的整復伸展練習，可以養成男孩強健的骨骼與體魄，以及女孩柔和的曲線，讓孩子健健康康轉大人。

迎接青春期的伸展操，重點放在骨盆。骨盆是男女體型最顯著的差別所在。相對於女性圓弧而柔和的骨盆線條，男性的骨盆線條更接近直線型。像竹子般直挺的骨盆，是男性的理想體型，縱向伸展有助於塑造男子漢的體格。

屈伸運動本身即具有很好的功效，但如果要兼顧精神面的養成，左頁的「頂天立地伸展操」更勝一籌。它不僅能鍛鍊男子漢的骨格、肌肉與體力，也形塑挺拔、向上抽高的體格。而在反覆大動作向上伸展的帶動下，無形中又灌注了朝向目標奮進的積極意識與意志力。

男性不只是骨盆外觀呈直線型，就連思考和行為模式也深受影響。男性在高興忘情時，會不自覺跳上跳下，這種縱向式的行為特性，就是受到直線型骨盆的影響。

「頂天立地操」養成強健的體骼與奮勇的精神

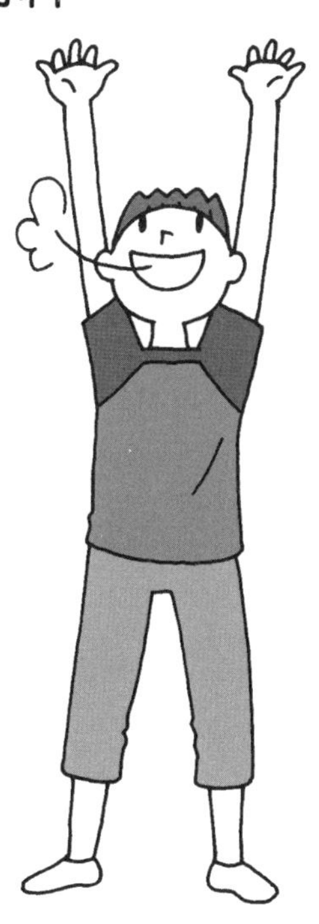

1 深蹲握拳

① 雙腳打開與肩同寬，大拇指包在手掌心握拳。

② 吸氣，一面蹲低，一面夾緊腋下，上手臂貼於體側，手肘以下屈起，握拳做勝利狀。

2 雙手托天大步挺立

① 一面用力吐氣，一面站立起身，雙手同時高舉向天，手掌心朝上做出托天狀。

② 重複動作 1、2 共 30 回。

女孩的「橫向伸展操」消除生理不順

小學中年級的女童，身材慢慢發展出女性特有的圓弧線條和女性化的思考特質，在此同時，骨盆也開始出現女性化的特性。相對於男性縱向直線型的骨盆，女性的骨盆線條則呈現橫向的圓弧形。女性在開心激動時，臀部會不自覺左右搖擺，就是受到骨盆形狀的影響。橫向的動作習性，是發展出女性化骨盆的關鍵。

女性的骨盆變化與月經週期息息相關。骨盆鬆開，經血排出，月經期開始；然後骨盆緩緩收到最緊時，經血停止，月經期終了。也就是說，柔軟有彈性而得以收放自如的骨盆，是女性生理健康的大前提。因此，可以促進骨盆收放順暢的整復伸展練習，就能有助於女孩的健康發育。骨盆反覆開闔的伸展練習，即可養成骨盆的柔軟彈性。

此外，骨盆如有左右高低差、前後傾斜角度不同，也會影響柔軟彈性，可藉由整復伸展練習加以矯正。女童在迎接月經初潮之前開始練習，有助月事平順，預防經前症候群、生理痛等惱人的女性生理問題。

矯正骨盆歪斜

1 仰躺，左右腿交纏

① 面朝上仰躺，雙臂橫向打開，手掌心朝下。

② 雙腿屈膝約 90 度，右大腿疊在左大腿上，右腳踝向上勾住左腳踝。

2 交纏的雙腿左右貼地

① 一面吐氣，一面將交纏的兩腿向左側貼地，面部則朝兩腿相反的方向，即右側轉動。

② 定住 10 秒以後，一面吸氣，一面恢復姿勢 1。

③ 換腿，左上右下，交纏的雙腿倒向右側，面部朝向左側，定住 10 秒鐘以後，再換邊。

④ 左右腿交互重複動作 1、2，共計 2 ～ 3 回。

3 體側伸展

① 從動作 2 直起上半身，一邊吐氣，一邊向左側傾倒，伸展體側。

② 右手臂朝左上方，左手臂朝右下方伸展，上半身橫向輕輕彈點十次，注意不要用力過猛。

③ 左右換邊，重複以上動作。

4 最後收闔骨盆

① 採「鴨子坐」，兩膝蓋併攏，膝蓋以下左右大開。

② 上半身緩緩向後傾倒貼地，雙臂展開做「萬歲」手勢。

③ 全身放鬆，保持自然呼吸 30 秒。

練就骨盆開闔自如的柔軟彈性

1 前後劈腿

① 一邊吐氣，雙腿一邊向前後大幅度劈開。量力而為即可，不必強求劈成一字腿。

② 雙手左右支撐身體，定住 30 秒再換腿。

2 左右劈腿，骨盆做橫向伸展

① 坐地板上，雙腿向左右開展到最大限度。

② 一邊吐氣，一邊將身體向前趴倒。

③ 手指一邊向前伸展，上半身一邊上下輕輕彈點 10 次左右。

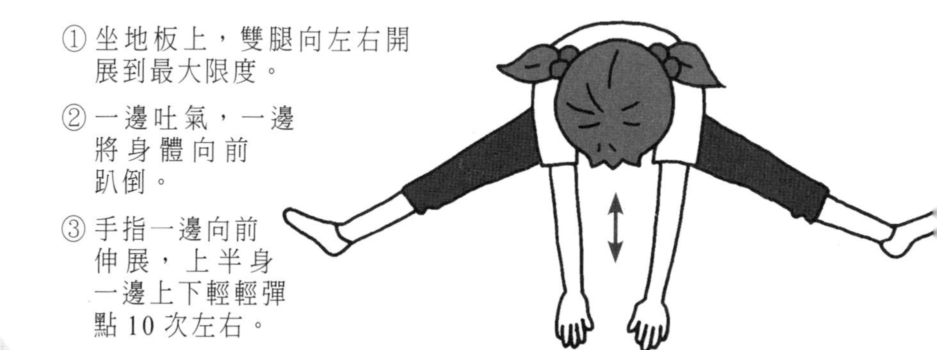

後記

請問此刻翻開本書的各位爸爸媽媽，有多久沒有碰觸自己孩子的身體了？猶記孩子年幼時，一天到晚親親抱抱，但自從孩子背起書包上小學以後，親子之間的肌膚接觸就越來越少了。請讓本書重新喚起府上親子接觸的溫馨記憶，允許溫柔的肌膚接觸成為日常生活的一部分。

雙手的溫暖撫觸，是整復的起始點。我們的雙手乃是「情感的接受器」，在表達自己情緒的同時，也具有貼近對方情感的力量。小時候肚子痛，爸媽用手幫我們揉一揉，疼痛竟然就輕鬆許多；跌倒擦破膝蓋時，大人用手貼著我們的破膝蓋念「痛痛，痛痛，飛走了」，說也奇怪，很多孩子的淚水就止住了。雙手是非常神奇的療癒工具，不懂得將它用來照顧孩子，著實可惜了。

孩子是極其敏銳的情感接受體，父母對於自己的疼愛，每個孩子無分性情、年齡，皆可敏銳感知。雙手與孩童都是如此優良的「情感接受器」，彼此共振的能量，遠超出我們所能想像。

用溫暖雙手日復一日進行整復伸展練習的過程中，孩子的「身體內裏」也逐漸得到重整，調校過的骨骼、肌肉、身體重心，可以在地球的重力之下，輕靈自在的活動；內臟與能量得以對抗季節變化、致病微生物的侵擾。也就是說，「自己的身體」與「自然環境」逐漸融合。

說到底，所謂「自己」原本就是「自然界的一部分」，整復學說的觀念認為，越是容易適應自然環境的個體，越能夠活得輕鬆自在。不只是肉體如此，精神面亦復如是。倘若從孩童時代，就深植「民胞物與」的認知，意識到周圍的人和自己都同樣屬於自然界的一份子，一切物類相依共存緊密連結，那麼孩子從小的人際關係將會截然不同。

眼前的他人就是另一個自己，看到他人就如同看著鏡中的自己；對人心懷惡念，他人就對你還以惡念；對人親切和善，他人也報以體貼善意——當孩子有了這樣的切身感受，日子也會過得安心自在。

本書一再反覆強調，上半身放掉力量的鬆柔狀態，是最容易發揮能力的「自然體態」。也唯有融入環境，成為自然界的一部分，方才能夠進入「自然體態」，真正發揮個人潛力。熱切期盼各位溫暖的撫觸，推動孩子的身心融入自然界，成為引領孩子茁壯成長的有力推手。本書內容如能對府上有所益助，那便是作者莫大的榮幸。

二〇一一年十一月

古久澤靖夫

熊孩子、傻孩子、弱孩子，這樣變成健康好孩子

孩子的健腦操：有效活化大腦、改善性格，健康快樂有自信！

原書名：孩子的健腦操：消除：暴躁、賴床、膽小、注意力不集中、姿勢不正確
原書：子ども整体 頭がよくなる！運動や音楽が得意になる！強い心が育つ！
作者：古久澤靖夫
繪者：水ロアシコ
編集協力：木村直子
譯者：胡慧文
責任編輯：謝宜芸
封面設計：葉馥儀
社長：洪美華
出版：幸福綠光股份有限公司
地址：台北市杭州南路一段 63 號 9 樓
電話：(02)2392-5338
傳真：(02)2392-5380
網址：www.thirdnature.com.tw
E-mail：reader@thirdnature.com.tw
印製：中原造像股份有限公司
初版：2021 年 05 月
二版一刷：2022 年 07 月
郵撥帳號：50130123 幸福綠光股份有限公司
定價：新台幣 320 元 (平裝)

國家圖書館出版品預行編目資料

熊孩子、傻孩子、弱孩子，這樣變成健康好孩子 / 古久澤靖夫著 . -- 二版 . -- 臺北市 : 幸福綠光 , 2022.07
面 ; 公分
ISBN 978-626-96175-4-8(平裝)
1. 育兒 2. 推拿 3. 按摩

428　　111008644

本書如有缺頁、破損、倒裝 , 請寄回更換。
ISBN 978-626-96175-4-8
總經銷 : 聯合發行股份有限公司
新北市新店區寶橋路 235 巷 6 弄 6 號 2 樓
電話：(02)2917-8022 傳真：(02)2915-627